インドの小学校で教える
プログラミングの授業

これならわかる！ 超入門講座

JN139444

ジョシ・アシシュ［監修］
織田直幸［著］

青春新書
INTELLIGENCE

プロローグ――インドでは当たり前のプログラミング教育。日本もついに必修化へ

「これからの時代、日本でもプログラミングに関する教育が大切になってくるみたいですよ」

ジョシさんは、ある日私にそう言いました。

ジョシさんは、とあるパーティで偶然出会ったインドの方です。インドのデリー大学卒業後、当時一橋大学大学院に通っていたスーパーインテリでもあります。

……。プログラム教育ねぇ。

私は仕事でパソコンを毎日使っているので、仕事で使うソフト、例えば「ワード」とか「エクセル」なんかは一通り使えます。SNSもやれば、スマホのゲームだって時々します。

でもだからって、根っからの文系の私は今までプログラムの世界に魅《ひ》かれたこともなければ、プログラムを知らないからって特に困ったこともありませんでした。

多くの人、少なくとも多くの文系の大人たちは、そんなもんじゃないのかな。彼からプログラム教育の話を初めて聞いた時は、正直そんなくらいのことしか思ってなかったのです。

翌週、ジョシさんはまたプログラミング教育の話を私にしてくれました。

「例えば、２０１６年4月19日、日本の文部科学省が〝小学校でのプログラミング教育の必修化を検討する〟と発表したことは、ご存知でしたか?」

「へ?」

すみません、私の理系ジャンルへの興味は今までほぼゼロだったので、世の中でそんなことが起きているとは、日本人でありながら全然知りませんでした。

「２０１３年に日本政府が発表した『世界最先端ＩＴ国家創造宣言』の一環だそうです。早ければ２０２０年度からの新学習指導要領に導入をするともいわれています」

そうなんですか。プログラミング教育というのは、もはや国家戦略にまでなっていたのですね。

さらにジョシさんは〝理系知識・焼け野原状況〟の私に追い打ちをかけるように、教えてくれました。

「小学校段階でプログラミングやコンピュータの基礎を、すでに必修科目として取り入れている国はたくさんあるのです。英国や韓国、フィンランドにオーストラリア、ロシア、ハンガリーなどです。インドでも小学校からプログラミングの勉強が始まります。意外なことにアメリカはまだ必修ではないのですが、オバマ大統領がコンピュータサイエンス教育に3年間で40億ドルを投入すると発表しています。なのに、日本はまだだったのですね」

「そうなのかぁ……。プログラミング教育はもはや世界的な潮流なんですね。そうすると、僕のような理系オンチの大人たちは、結構これから困ることになりますよね」

プログラミング教育の必修化が導入されればその数年後には、日本の小学生たちがプログラミングを学び、理解し、使いこなしていくようになるのでしょう。

大人の自分が知らないプログラミングの世界を、子供たちがスイスイ理解する。ちょっと想像していなかった未来がすぐそこに迫っているのかもしれません。

ちょっとやっておいたほうがいいのかもなあ…プログラミング……。

ふと、そんな気もしてきました。でも、プログラミングを勉強したくても、専門用語が並んでいる本は難しすぎてよくわからないし、スクールに通う時間とお金もない。どうしたものかなあ……。

あ、そうだ。

私はちょっとした思いつきをジョシさんに相談してみました。

「インドのプログラミング教育を実際に受けて育ったインドの方が先生になって、僕みたいな人にレクチャーした本があれば、一般の人にとってもわかりやすい本になると思うんです。例えばジョシさんご自身とか、あるいはジョシさんのお知り合いでプログラミングにお強いインドの方が私の先生役になるとか……」

つまり、〝理系知識壊滅〟の自分のような人間が本場のインドの人からプログラムのことを教えてもらい理解できたとすれば、それはもうほとんど日本人の大人すべての人がわかってしまうような「超わかりやすいプログラミング入門本」になるという気がしたのです。

「私自身も実際に小学校～中学校の時、インドのプログラミング教育を受けました。ただ、私よりプログラミングに詳しい適任の方がいますから、その方をご紹介しましょう」

こうしてジョシさんからご紹介していただいた方が※Sharm,Gi、シャルマさんでした。

後日、シャルマさんは、私のこのわがままな申し出を快諾してくださいました。

また、ジョシさんは本企画の「監修者」という立場で、その後、私をいろいろな形でサポートしてくれることになりました。

ジョシさんは同じく日本の大学院で学んでいた友人のナビーンさんといっしょに、まずはインドの小学校〜中学校の「算数」の教科書を取り寄せてくれました。

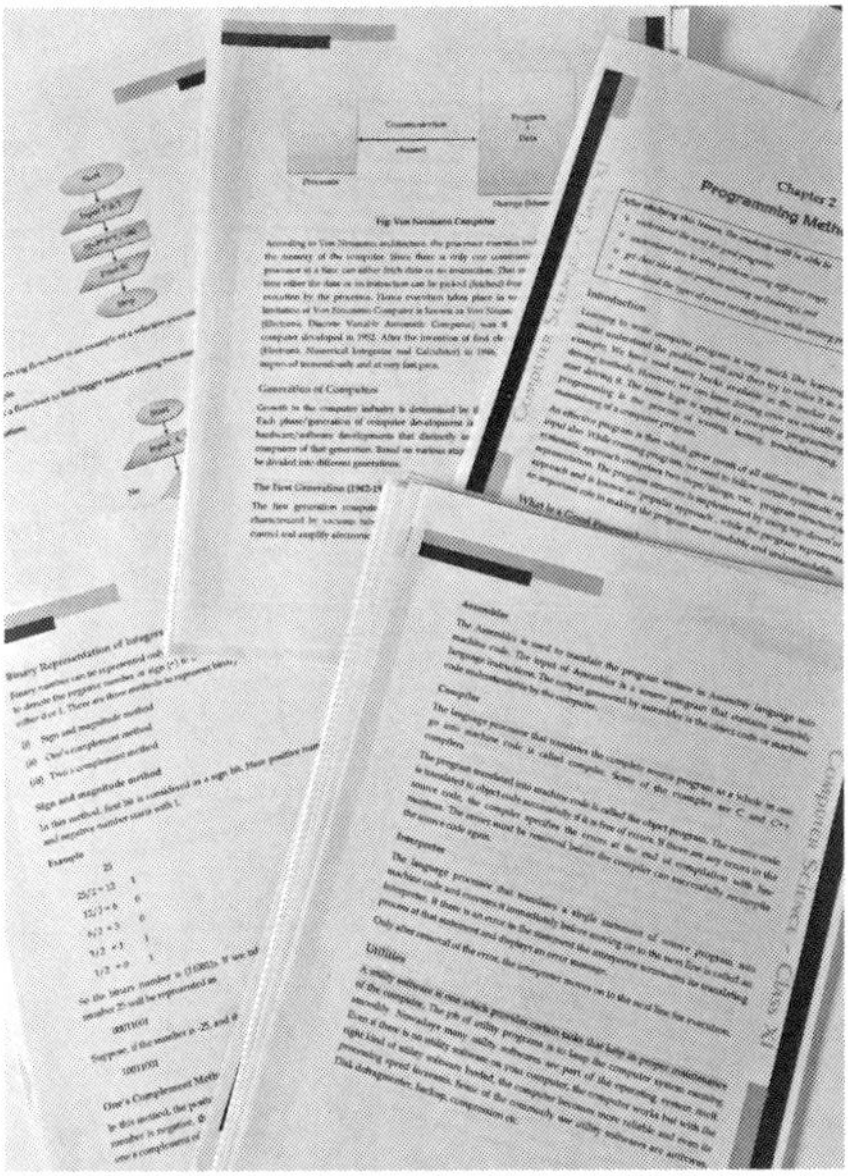

インドの小学校〜中学校で実際に使われている算数の教科書に載っているプログラミング

そこにはたしかに、プログラミングの基本を教える内容がちりばめられていました。

これらの教科書はすべてが英語だったのでまずはそれを日本語に翻訳した後、それをベースに今度はシャルマさんから「インド式プログラミング教育」を教えていただくことになりました。

そんな形で私が受けた「講義内容」をまとめたのが、本書1時間目から3時間目までです。

まず1時間目では、インドが数学やコンピュータの世界で世界を席巻している理由やインドの教育、IT界における実態を教えてもらいました。

続く2時間目は、コンピュータの歴史や動く仕組み、3時間目はプログラミングのキホンを教えてもらいました。

1時間目〜3時間目までは、読者の方がよりわかりやすくなると考え、「先生が語る」「先生が教えてくれる」という形式で彼の講義をまとめさせていただきました。

インドの小学校〜中学校の算数の教科書にあるプログラミング教育をベースにした講義ではありましたが、私が興味本位にいろんなことを聞き、先生もそれに誠実に対応していただいたことから、時々ずいぶん本筋から脱線してしまったかもしれません。

ただ、そんなこともあって、文系日本人的には結果的に、逆にわかりやすくアレンジされたものになったかもしれませんので、お許しを。

最後の4時間目は、読者の方が簡単なプログラミングを実践するためのガイドを掲載してあります。

ここでのプログラム体験用に採用したのは、「Small Basic」というマイクロソフト社のソフトです。このソフトがインドの小学校で使われているわけではありませんが、初心者に非常に使いやすいソフトなので、ここでは採用させていただきました。

手取り足取り、これ以上ないというくらい懇切丁寧にガイドしてもらったものをまとめて掲載しています。私もこれで初めてのプログラミング体験ができました。もちろん、あなたなら120％これで「実際のプログラミング体験」ができるでしょう。ご家族や友人に「自分にもプログラムなるものができた！」と、どうぞ自慢してください。

授業をすべて終える頃には、あなたはきっと新しい世界に目を開いているはずです。

プログラミングって、けっこう面白いし、楽しいな。思っていたほど難しくもないな。

そんなふうに思っていただけたら、〝超ド文系人間〟の自分としては、とても嬉しい限りです。

※編集部注…「シャルマさん」は仮名です。職業上の立場から、本書ではこの仮名を使っております。

インドの小学校で教える プログラミングの授業　目次

2時間目 そもそもコンピュータはなぜ動く？
――プログラミング言語って、要はこういうこと

3
時間目

プログラミングって、じつはこんなに簡単！

——3つの指示を覚えれば、誰でもプログラムが書ける

4時間目

さあ、プログラミングを実践してみよう！

——試したその日に書けた！　動かせた！

スーパーバイザー／ナビーン・トリパティー
(Naveen Tripathi)
編集協力／株式会社STAR CREATIONS
栗原賢二　高橋勝
インド教科書翻訳スタッフ／鈴木菜月　原口茉里　メタ安寿
ＤＴＰ／エヌケイクルー

・Microsoft、Windows、Small Basic は米国 Microfoft Corporation の米国及びその他の国における、商標ないし登録商標です。
・その他、本文中に記載されている会社名、製品名は、すべて関係各社の商標または登録商標、商品名です。
・なお、本文中には TM マーク、Ⓡ マークは記載しておりません。

1
時間目

インドのIT教育はこんなに進んでいた！

インド人にはなぜ
プログラミングの達人が多いのか

◆ゼロを発見したインド人

さあ、1時間目を始めましょう。

まずは、インドと〝ゼロ〟との関係性を探っていきます。

――どうしていきなり〝ゼロ〟が出てくるんですか？

コンピュータが2進法で動いていることは広く知られていますが、このゼロの発見がなければ2進法は生まれず、コンピュータも作れなかったといわれているからです。

織田さん、ゼロという概念を発見したのがインド人であることはご存知ですよね。

――はい。それは知っています

では、ゼロの発見は、なぜ偉大なのでしょうか？

――普通は〝ある〟ということから始まるけれども、そこに〝ない〟という存在価値を見出したってことだと思います

いいえ、残念ですがそうではないんです。誤解されがちですが、ゼロという状態は〝何もない〟ということではなくて、〝ゼロという状態がある〟ということです。

――もっとわからなくなりました。どういうことですか？

例えば、数字は1から始まってプラス方向に進めばどんどん大きくなりますね。それと同時に、数字はマイナス方向にも進みます。そのちょうど真ん中、プラスマイナスして見かけ上何もない状態を〝ゼロ〟というのです。数字が線路みたいに並んでいる状態をイメージしてみてください。右方向がプラス、左方向がマイナスとすると、プラス1とマイナス1の間には〝ゼロ〟がありますよね？

――プラスとマイナス、それぞれの方向に進むちょうど中間。これをゼロと考えるわけですね？

そう考えていてもいいですよ。

さて、「ゼロの概念」は、誰がいつ作った、ということははっきりとはわかっていないのですが、少なくとも6～7世紀にはすでにゼロを使った計算がインドでされていたという記録があります。

――ということは、それまでの他の文明にはなかったということですか？

はい、そのようです。

そして、意外でしょうが、ゼロがなくては計算そのものが成り立たないのです。

◆ゼロがないと計算ができない

インドの数学者ブラーマグプタの本には、

・いかなる数にゼロを乗じても、結果は常にゼロであること
・いかなる数にゼロを加減しても、その値に変化が起こらないこと

が、ゼロの根本的性質であると明記されています。

——それって、どういうことですか?

例えば、a×1＝aという計算ですが、これはaが「あります」よね?

——はい

では、a×0という計算は、どうなりますか?

——学校では、0をかけると答えは0と習いました

そうです。どんな数字に対しても、ゼロをかけたらゼロ。

これがブラーマグプタが言う、「いかなる数字に0をかけても結果は常に0」ということです。

――0をかけたら、計算の結果は常に0、ってことですね

そうです。

さらには、こんなルールがあります。

$a+0=a$

$a-0=a$

$a\times0=0$

$0\div a=0$（ただし、aは0ではないという条件があります）

――そうなのか。ゼロの発見によって計算そのものの仕組みが成立して、いろんな計算ができるようになったんだ。なるほど、すごいことですね。あれ？　ということは、当時はヨーロッパよりもインドのほうが数学的には進んでいたということ？

その通りです。ゼロという概念は、その後しばらく経ってからアラビアに伝わったとされています。9世紀にはフワーリズミーというバグダッドで活躍したイスラム科学者が、ゼロという概念を使うことで、数学と天文学を著しく進歩させたそうですよ。

——数学だけじゃなくて、ゼロが天文学にも影響を与えたとは知りませんでした

余談ですが、「ゼロ」という呼び方は、最初はアラビア語でsifr（スィフル＝空《くう》・から）と翻訳されました。8世紀頃に伝わったとされています。

その後、このsifrが、イタリアで13世紀頃にラテン語化して、zephirumになり、それがzeroになったとされています。

ちなみに、10進法や桁の概念も、インドで生まれたとされているのですよ。

——へえ、そうなんだ。まさに、インドは数学王国なんですね

ありがとうございます。これ、結構自慢です（笑）。

◆インドの小学校は5歳から始まる

——でも、どうしてインドの人々は世界中のＩＴ業界であんなにたくさん活躍しているのですか？

一言で言うならば、教育システムがその根本にあると思います。

——教育システム？　たしかインドでは2桁の九九まであるって聞きますけど

それはほんの一部です。

まずは学校制度についてお話ししましょう。織田さん、日本では何歳から学校に行きますか？　そして学校制度はどんなシステムですか？

――日本では6歳で小学校に上がります。小学校は6年間、その後中学校が3年間。ここまでが義務教育で、その後高校が3年、大学には2年制、3年制、4年制がありますが、4年制が多いですね。その後は大学院です

なるほど。日本は大学進学率がとても高いと聞きました。インドは2015年現在で、人口が約13億人です。残念ながら、まだまだ進学率は低くて、小学校に行けない児童もたくさんいます。

州によっても異なりますが、5歳10ヶ月が就学年齢とされています。日本の小学校から中学校にあたるのが1～10年生で、ここまでが義務教育です。

――小学校が日本より1年近く早く始まるということは、勉強も早く始まるんだ。まいったな。幼稚園はどうなんですか？

4歳からですが、その前の日本でいう保育園のようなプレイスクールには1歳からでも入れます。

――そのあたりは日本と同じで、教育熱心な親は、早い段階からスクールに入れて、いろんなことを学ばせるんですね

はい。インドでは、学歴は日本以上にその後のポジションや収入に結びつき、結果として人生を大きく左右しますからね。

◆東大よりすごいインドの大学

――インドは大学のレベルが半端ないって、聞きましたけど

はい、これは自慢ですが（笑）、インド工科大学（IIT、Indian Institute of Technology）やインド理科大学院（IISc、Indian Institute of Science）は世界でもかなりのハイレベルにあり、インド工科大学に落ちた学生が、アメリカのマサチューセッツ工科大学に行くといわれているぐらいです。

――すごいなあ、日本人でそのことを知っている人はほとんどいないんじゃないかな

まあ、日本は島国ですからね（笑）。

――言いますねぇ（笑）。でも、そういった現実を知らないことが、日本がいろんな面で伸び悩んでいる理由の一つなのかもしれないな

インドは年間約20万人のＩＴ関連技術者を輩出していますよ。

日本は近年、内向きで海外へ旅行したり留学する若者が減っていると聞きますが、インドでは優秀であること＝海外進出、が定番です。大学入学時に海外に出るパターンが多くて、そのまま現地国で就職するのが普通です。インドの経済産業省のデータでは、専門的な知識を持ち、グローバルにすぐに対応できるＩＴ人材は、インドに約３００万人いるとされています。これは日本の4倍以上の数字なのです。

――そんなにいるんですか。人口差はあるだろうけれども、大きな数字ですね。では、日本企業もインドの人材を狙っている？

はい。優秀な学生には、年収１０００万円を提示する会社があるという噂も聞きます。でもさまざまな問題があって、日本で働くインド人はまだ少ないですね。

――うわー、新卒で年収１０００万円かあ。みんながプログラミングを勉強したがるわけだ

◆インドのシリコンバレーとＩＴの巨人たち

最近では世界的なＩＴ企業がインドに逆進出もしはじめているのはご存知ですか？

――それは聞いたことがあります。たしかバンガロールっていう街ですよね？

その通りです。バンガロールはインド南部の都市で、南アジアでも有数の都市といわれています。日本の方はインドはとにかく暑いと思っておられるようですが、バンガロールは高原地帯にあるので、過ごしやすいんですよ。

ここに、近年、シリコンバレーとまではいきませんが、IBM、インテル、マイクロソフトのアメリカ企業のみならず、ヒューレットパッカードやシーメンスなどのヨーロッパのIT企業も進出しています。

――まさにインド版シリコンバレーですね。世界のIT地図はどんどん変わってるということか。それほどにインドはIT関連会社や関係者を惹《ひ》きつけているんですね。それは、やっぱり人材が豊富だから?

はい。でも、それも大きな理由の一つだと思います。

世界のIT界で活躍している著名なインド人としては、先ほど話したインド工科大学出身者ではグーグルのCEOであるサンダー・ピチャイ氏、サン・マイクロシステムズの共同創業者のコースラ氏がいます。それから、インド理科大学院はインドで最難関の大学で、ちなみにこの大学に入れる倍率は50倍を超えるといわれているのですが、ここの卒業生には、ボーダフォンの元CEOのサリーン氏、インフォシスの初代CEOであるムルティ氏などがいます。

――日本で最も知られているインド人経営者は、2016年の6月までソフトバンクグループの後継者といわれていたニケシュ・アローラ氏かな

はい、彼はバナーラス・ヒンドゥー大学で電気工学学士を取得後に渡米し、ボストン大学で理学修士を、ノースイースタン大学でMBAを取得していますね。

◆国を挙げてのIT立国化

――でも、どうしてそんなにITの世界に著名人が多いのですか？

政府の方針が大きいです。先ほど話したインド工科大学は、1951年にインド初代首相であるジャワハルラール・ネールの肝いりで設立されています。つまり、政府がIT立国となることを国の方針として打ち出した結果なのです。IT関連人材開発を、長期政策として掲げ、実行してきました。

――国を挙げて取り組んできたんだ

国だけではありません。インド理科大学院はタタ財閥の創始者であるジャムシェトジー・タタの肝いりで、1909年に創設されています。

――タタって、コスパのいい車で有名ですけど、インドでも有数の財閥ですよね。官民挙げて国家ＩＴ化を推進してきた。そしてその成果が今につながっていると？

はい。一つの結果として、ちょっと古い資料ですが、１９５５～１９９６年度のインドのソフトウェア出荷額は約12億ドルだったのですが、２０００～２００１年度には83億ドルを超え、年率で約50％伸びています。そして出荷額のうち６～７割が輸出額です。この額は輸出総額の15％近くとなっており、政府はさらに２００８年までに５００億ドルへの拡大を目指しました。

――凄まじい数字だなぁ

はい。今はもっと伸びていると考えられますがね。

――さらには人材も輩出している。つまりソフトもハードも飛躍的に伸びているわけだ。それって、インドに限っての現象ですか？

いいえ、早くからＩＴに着目しプログラミング教育を進めてきた国は、やはりＩＴの世界でも抜きん出ていますね。

例えば、イスラエルは、かなり前からプログラミング教育を徹底してきました。それだけが理由とはいえないでしょうが、ナスダック上場企業の数は、アメリカに次いで世界第

2位ですし、あのスカイプが生まれた国はエストニアですが、この国も小学校からプログラミング教育が義務化されています。

◆小学校でのコンピュータ教育の実態

——では、そんな巨人たちを数多く輩出したインドの小学校では、子供たちにどうやってプログラミングや数学、いや、小学校はまだ算数かな、を教えているのですか？

インドは広いし、就学率もまだまだなんです。だから今からお伝えすることが「すべて」ではないということを、まずはわかってくださいね。あくまでも一般的なこととしてですが、日本との大きな違いの一つとして、まず幼稚園で九九を覚えます。

——え、待ってくださいよ。幼稚園で九九？

はい。そして1年生である5歳では3桁の掛け算を教えています。

——信じられない！　スタート時点で違っているんだ。日本で九九を覚えるのはたしか小学2年生？　7歳だ。3桁の計算はいつだったかな。ああ、大人ならまだしも、子供の頃の年齢って半年でも随分差が出ますよね。同学年でも半年以上早く生まれた子は体が大きい子が多いし、大人っぽい。運動会のかけっこで彼らにいつも負けて悔しかったことを覚えていますよ。そんなに小さ

い頃から学力でも既に差がついているなら、大人になったらさらにその差は大きく開くんだろうなあ。かなりショックです。では、コンピュータはどれくらい普及しているのですか？

ほとんどの小学校にはコンピュータ・ルームがあり、授業中だけでなく、休み時間や放課後も使いたい生徒は自由に使えます。インドはいまだに貧富の差が非常に激しいので、自宅のパソコン普及率はまだまだ低いのです。そのため子供達は、授業が終わった後に学校に残るか、ネットカフェでコンピュータを使います。

――ネットカフェ？　インドのネット人口はどれくらいなんですか？

もちろん地域差はありますが、２０１４年では約２億４０００万人とされていました。これはアメリカを抜いて、中国の次に多いのです。

――人口差はあるだろうけど、すごいネット大国なんですね

はい。インド商工会議所連合会は、２０１８年末にはネット人口が約４億９０００万人に増えるだろうと予測しています。

織田さんは、先のサッカー・ワールドカップで、インドのＩＴ企業がオフィシャルパートナーになったことは知っていますか？

――いえ、知りませんでした

２０１０年の南アフリカ大会と、２０１４年のブラジル大会では、オフィシャルＩＴサービスプロバイダーに選ばれているんですよ。

――そうだったんですね。つまりインフラも整っているわけだ。ということは、家にコンピュータのない小学生は、ネットカフェでコンピュータを使うってことですか？

はい。インドの1年生は5歳なので、日本でいう幼稚園の年長組ですね。最初はテキストを見ながら、ゆっくり文字を入力するなど、ゲーム感覚で始めることが多いですが、大きくなると宿題などはネットカフェですることがあるようです。

――日本では小学生はネットカフェには行きません。というか、入れないかなそのようですね。

そのようですね。安全面からダメだと聞いています。

――ネットカフェそのもののつくりも違うのかもしれませんね。そういえば、勉強は英語で、ですよね？

はい。学校教育は英語でなされています。

――まいったなあ。ここでも日本と大きく差がつくんだ。日本は先進国なのに、いまだに英語が苦手な人が多いからなあ。でも、なぜみんなが授業についていけるの？

教え方だと思います。日本の小学校では先生が黒板の前に立ち、黒板を使ってという授業がスタンダードですよね？

――スライドなども使っているようだけど、日本ではそれがまだ主流かな

インドでは、遊び道具のようにも見える「道具」をたくさん使って、ゲーム感覚で楽しく英語を教えていることも〝みんながついていける〟要因の一つかもしれません。

――プログラミング言語も基本的に英語ですよね？ ここらへんがインドの人がプログラミングを学習する上で有利な点になっているんですかね？

お！ ついに「プログラミング言語」なんてコトバが飛び出てきました。織田さん、どうやらヤル気になってきましたか？

でも、プログラムで使われている英語自体はそれほど難しくないので、英語力とはさほど関係ありません。

ヤル気になってもらったことは嬉しいのですが、まあまあそう焦らない焦らない。

2時間目でまず、コンピュータが動く原理をささっと理解してしまいましょう。

2
時間目

そもそもコンピュータはなぜ動く？

プログラミング言語って、
要はこういうこと

◆ハードウェアとソフトウェア

インド人になぜプログラミングの達人が多いのか、そのバックグラウンドを少しは理解できたことと思います。

次はコンピュータの仕組みを知りましょう。

ここで質問です。コンピュータを構成する要素は、大きく分けると2つあります。なんでしょうか？

――ハードウェアとソフトウェア？

はい、その通りです。

では、ハードウェアとソフトウェアとはなんですか？

――ハードが機械部分で、ソフトが情報部分？

OKです。コンピュータに入っている電子部品の中で、見たり触れたりできるものがハードウェアで、コンピュータの動きをコントロールする情報部分をソフトウェアと言います。見えるハードに対して、見えないのがソフトとも言えますね。

――ソフトがなければ、ハードであるコンピュータは動かないってことですか？

そうです。ハードウェア＝機械部分を動かすのがソフトウェアです。この2つが同時に存在しなければコンピュータは動きません。わかりますか？

――ソフトがなければ、コンピュータはただの箱なんですね

その通りです。

では、コンピュータは2進法で動いていますが、この2進法とは？

おや、なんでプログラミングを学ぶのに、こんなこと知らなきゃいけないんだ、早くプログラミングそのものを教えてよ、って顔していますが、ざっくりでもコンピュータのことを知らないと、すぐにつまずいてしまうんです。もう少し我慢して聞いてください。

――はい。わかりました

◆10進法と2進法

2進法ってなんだかわかりますか？

――正直言ってよくわかりません。コンピュータが2進法で動いているっていうのは先生から1時間目にちらっと聞きましたが

日常ではあまり使われていませんから、当然だと思います。

では、10進法は？

——それならわかります

では、10進法を説明してください。

——日常的に自分たちが使っている数字というか計算方法で、使う数字は0から9。数字が増えていくと1桁から2桁、3桁に増えていくってことですかね

増えていくときのルールはどうなっています？

——ルールですか？ 1から増えて9になったら10になって、また11から始まって、19になったら20になって、というふうにどんどん続いていく？

それで正しいんです。9まで行ったら0に戻りますよね？

——あ、たしかに

10進法の場合、使う数字は0から9です。そして、末尾が0になったら、1に戻る。では、2進法ならどうなるでしょう？ 10進法と同じように考えてみてください。

——10進法で使う数字は0から9、だとすると2進法の場合は使う数字は0と1で、2になったら元に戻る？ うん？ なんか変だな。そうか、10進法が9まで行ったら10になり、19まで行ったら20になるんだから、2進法は0、1と進んで2になったら戻って10になり、次に11になり、

次に100、101、110、111、そして次は1000になるってことですか？

大正解です。それが2進法の基本です。左の図だとよくわかると思います。

なぜ2進法の話をしたかというと、コンピュータは0と1の2進法で動いているからです。このことを覚えておいてください。

◆コンピュータは独自の〝言語〟を持っている

コンピュータは、「プログラミング言語」で動いています。

――プログラミング言語って、そもそもなんですか？

10進法	2進法
0	0
1	1
2	10
3	11
4	100
5	101
6	110
7	111
8	1000
9	1001
10	1010
11	1011
12	1100
13	1101
14	1110
15	1111

図1みたいな画面を見たことがありませんか?

——これはないなぁ

では、図2はどうですか?

——あ、これなら映画とかテレビで見たことあります

映画とテレビだけですか?

——あ、そうだ、先日アプリ開発をしている友人の会社に行ったら、スタッフが使っているPCの画面がこんなのばっかりでした

よく気づきましたね。

実はこの2つの画面に表示されているのは、どちらも「プログラミング言語」と呼ばれるものです。これらの言語は、コンピュータ専門の言語だと思ってください。人間界に

(図1)

```
0101010101000101001101010111010001100101000011011101010101010001000100000101010101
1011111011111110101010101011101011111011101010101011111011111111111010101010111110
0101010101011101111101010101100101010111010111010101010100010101010101010101010101
0010111110101110101010110010101010101010101000100110001010011000101010101010101011
0111110111111111111110111010111010110010011000101001001010001000101000101111100101
1110101010111001111010101010101010101010001010011000101110101010001010101110101010
1111110101010101110111110100010100110101110100110101010101110001000111010101010101
1111100011111010101010101010101010101000101000101000101010001011101010111110101011
0101011101000111010101011101010101010010001101000101011101010101010101010100010111
1110101001111010111110101010101010101110110011101110101000111010101000101010100000
0101010100010111011101010101010001010111010101010100010100110100010101010101011101
1001111000101010101010111110111010101010101010001010000110101110100110101000111111
1101011011110100000111110101010101010101010011010001010001010101010101000101010101
1110101010101010101110100110000010101000101010100010101110100010101100000001010111
0101011101000001010100000000000101010101010101010101010100000101010100011101010101
1010011010001010101000101000100010101100101010111110101010100010000000101000000101
0101010101010100000100000000110000101010000110001000000001110100010101010101010101
1100100000010001000101010000010100100001000100010001000001010010010001010001000001
0101110100010101010001011000000100010100010011010001010101010110010101010100010101
0110101000101011111000101010100010100000100000100010101011001011101000000100000000
0101000001000110011100000101000100000000001000001000011010001010100010001010001010
0010001010000000101000101010100000000101000100010101010101000001000100011001010101
0100010001011100110000000001010101010000000000100010100010000000100100000001010011
0100100010001010000011001010001010000001010001000100000000100000100010001010101000
0110000101010001000001000100000000000001010101000100000100000100000000000101000001
0000001010100000010000000001010000000000000001000000000000000000110010000001000000
0101000100000000010100010100010000000000100000000000001000000000000000000000100010
0110100000101010000000010000000000000000000000000001000000000100000100000000000000
0101000100000000100000000000000000101000000000000010000000000000000100000000000000
0000001010101010101010110010101010100010000000100010101010001000000010101010101011
```

は人間用の言語があるように、コンピュータ界にはコンピュータ用の言語があるのです。

――コンピュータだけが理解できる言語、ってことですか？

そうです。

――では、コンピュータは、その言語の指示によって動くってことですか？

はい。コンピュータを動かすためには、その「プログラミング言語」を使って指示を出さなければならないのです。

人を動かす時には、人間界の言葉や文章でやってほしいことを伝えますよね。そのとき使うのは人間界の言語です。

同じように、コンピュータを動かしたい時には、コンピュータ界の言語でやってほしい

（図2）

```
<!doctype html>

<html lang="en">
<head>
  <meta charset="utf-8">

  <title>Website Homepage</title>
  <meta name="description" content="Website Homepage">
  <meta name="author" content="Website Homepaget">

  <link rel="stylesheet" href="styles.css">

  <!--[if lt IE 9]>
  <script src="html5.js"></script>
  <![endif]-->
</head>

<body>
  <script src="js/scripts.js"></script>
</body>
</html>
```

ことを伝える必要があるのです。

――なるほど。少しわかってきました

さらに、プログラミング言語には「低級言語」と「高級言語」があります。低級言語は0と1を使う言語で、機械語とも呼ばれます。図1ですね。ところが、これは数字の羅列なので、どんなことをコンピュータにやらせたいのかが、作った人以外にはとてもわかりにくい。そうではないですか?

――はい。0と1が並んでいても、さっぱり意味がわかりません

その通りです。人間は単語や符号が並んでいるより、構文のほうが意味を理解しやすい性質があります。

例えば、

食べる

私

Apple

よりは、

私はりんごを食べる

と、「人間が理解できる単語と構文を使った文章」のほうが言いたいことを伝えられます。

そこで、それまではコンピュータにしか理解できなかった0と1を使う「低級言語」に対して、誰もがわかる言語である「高級言語」が開発されたのです。それが図2です。

――人間が理解しやすい言語、ってこと？

はい。英単語や記号、数字などを組み合わせてコンピュータに指示を出すための文章を作ったのです。これは英語の文章に近いので、誰でも意味が理解しやすい。つまり、作った人以外も理解しやすいので、修正や改良が簡単になったのです。

――例えばどんなものがあるのですか？

世界初の「高級言語」が1957年に登場したFORTRAN（フォートラン）です。これは科学技術計算が目的だったそうですよ。そして2年後にはCOBOL（コボル）という事務処理のための言語が生まれています。主に在庫管理や経理のためだったそうです。

さらに6年後には事務だけでなく科学系の作業にも台頭できるPL/1（ピーエルワン）がアメリカのIBMなどによって開発されています。

――そうやって、どんどん人間がわかりやすい〝高級言語〟を作り出すことで、コンピュータそのものを発展させてきたんだ。だけど、なぜそんなにいくつも作り出す必要があったのですか？

人間界にも英語、日本語、イタリア語、中国語、スワヒリ語といろいろありますよね。それぞれの言語は構文も違えば、単語の数も違っています。国によってはある意味を表す単語がない場合もあります。

もしもイタリアでやりたいことがあれば、やっぱり現地ではイタリア語で話すほうが物事が早く進みますよね。母国語なら意思の疎通が早いですし、イタリアで日本語を話しても通じませんから。

同じことはコンピュータ界でもいえて、目的や用途に合わせて、作りたいプログラムに合わせて、適している言語を使い分けたほうが、プログラミングが容易になるのです。

◆〝翻訳機〟の登場でコンピュータが一般化

――なるほど。コンピュータの種類ややらせたい内容によって、言語を変えるわけだ。だけど、

コンピュータって0と1を使う低級言語で動くんですよね？　だとすると、0と1だけでない高級言語でなぜコンピュータが動くんですか？

いいところに気づきましたね。実はこの時期に画期的な発明があったのです。わかりますか？

――え、それってもしかして、ビル・ゲイツとかスティーブ・ジョブズとかが関係していたりして？

さすが！　いい勘してますね。まさにそうで、ビル・ゲイツとポール・アレンがとんでもないものを開発したのです。それは「インタープリタ」と呼ばれるものです。

――なんですか、それ？

簡単に言うと「翻訳機」です。インタープリタは人間が理解しやすい高級言語を低級言語に変換して、コンピュータに指示を出すことができるのです。

――翻訳機？　人間が理解しやすい高級言語を、インタープリタが低級言語に翻訳してコンピュータに指示を伝えるってことですか？

その通りです。彼らは、当時人気だったBASIC（ベーシック）と呼ばれる高級言語で作られた指示を、インタープリタを使うことで瞬時に低級言語に翻訳して、簡単にコンピュータを動かせるようにしたのです。

——ということは、逆に言うと、インタープリタが発明されたから、人間にも理解しやすい高級言語が発達した。あれ、ニワトリと卵かな？

お互いが相互に支え合い、発展したのです（笑）。

そして、ゲイツたちはまずはこのインタープリタの販売から事業を始め、

——大儲けしてIT界の巨匠となった！

その通りです。

——そうかあ、コンピュータの発展の陰には、そんな発明があったんですね。それでも、コンピュータはまだまだ高くて大企業や国専用だったのでは？　今みたいに安くなって普及して子供でも使うようになるなんて、当時の人は夢にも思わなかっただろうなあ

そうでしょうね。

——そしてついに、僕たち一般人でもコンピュータを手に入れられる時代になったんだ

そうです。初の万人向けのコンピュータとして知られているのはAltair（アルテア）8800と呼ばれるコンピュータで、1974年にアメリカのMITS社から発売されています。

——では、もう一人のIT界の巨匠であるジョブズは何をしたんですか？

人とコンピュータの〈プログラミング言語〉の関係

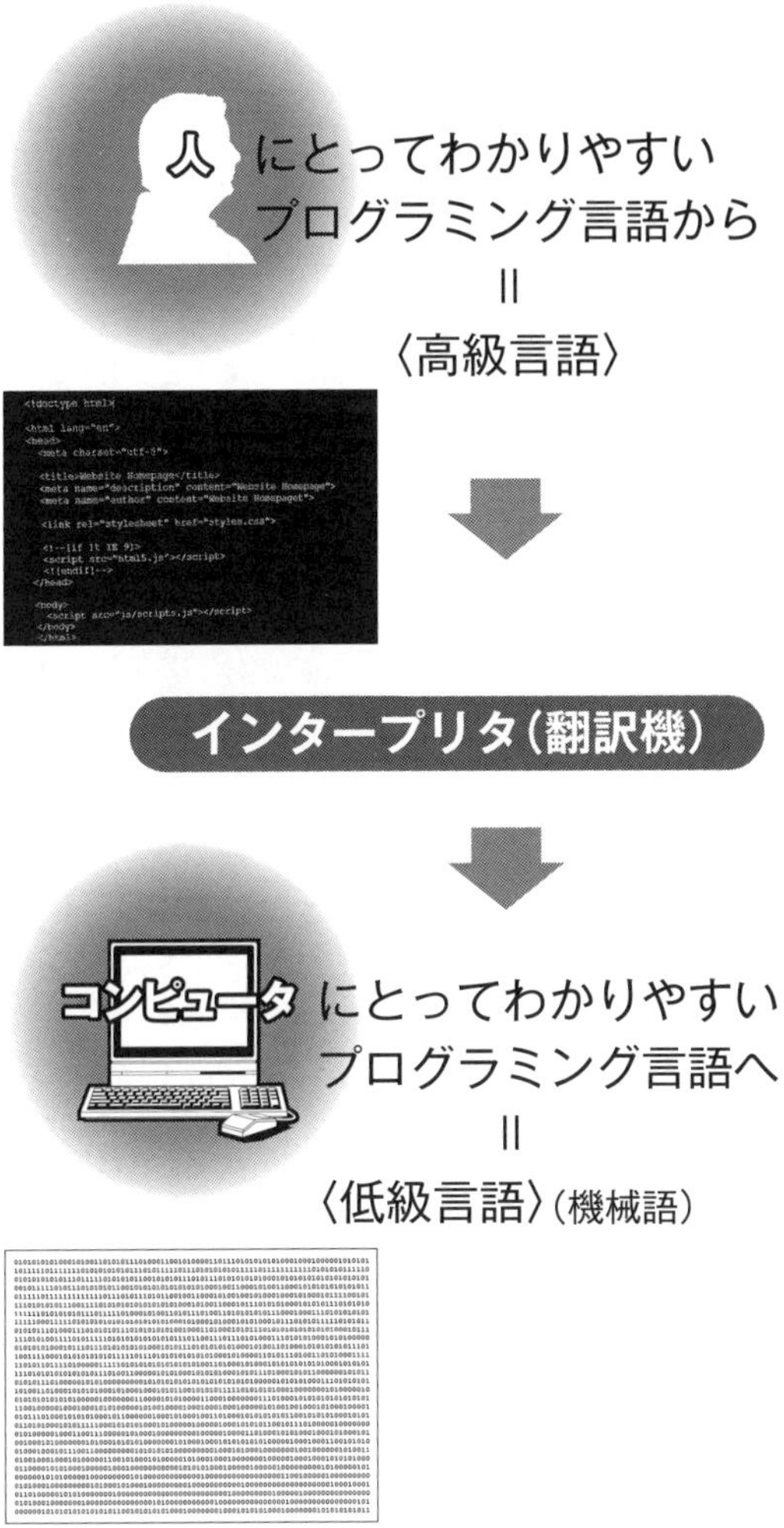
人
にとってわかりやすい
プログラミング言語から
॥
〈高級言語〉
インタープリタ（翻訳機）
コンピュータ
にとってわかりやすい
プログラミング言語へ
॥
〈低級言語〉（機械語）

彼は、1976年に先ほど登場したAltair 8800よりさらに安いコンピュータであるApple I（アップルワン）を開発して売り出しました。その後の快進撃は……

――それは僕でもわかります（笑）。次のApple Ⅱは、世界で500万台以上売れたんですよね。そして1998年に発売されたiMac G3はあの半透明の可愛いデザインも後押しして大人気になり、一気にパーソナルコンピュータ、つまりパソコンが身近になった

そうです。そしてBASICと同様に「C（シー）言語」という高級言語も人気でした。

――それらが今も主流なんですか？

いいえ、コンピュータの世界はドッグイヤー以上に早く進んでいます。ドッグイヤーって、わかりますよね？

――犬の年齢が人間の7倍の速度で進むことになぞらえた、月日が早く進むことの例えですよね

そうです。まさに改良はドッグイヤー的に加速し、1990年代には「オブジェクト指向」という言語が主流となっていきます。

――オブジェクトって、たしか部品って意味ですよね？　それがどうコンピュータと関係するんですか？　あ、もしかして組み合わせるってこと？

そうです。まさに「部品」です。従来の言語が持つ機能に、自分が必要とするデータや処理の手順などを「部品」として組み合わせ、より自分が欲しい、というか作りたいプログラムができるようにした言語です。オーダーメイドともいえますね。

有名なものとしては、Ruby（ルビー）やJava（ジャバ）などがありますよ。

これらの名前は聞いたことがあるのでは？

――かなり現代に近づきましたね。Javaは聞いたことくらいなら、あります

Javaは、現代では最も広く使われています。ちなみに、Rubyの開発者は日本人です。

◆Rubyを開発した日本人とは

――え！ それは嬉しいなあ。日本人もやるじゃないですか。

あはは、そうですか？ まあインド人である僕は偉大な同国人を多数ＩＴ界に輩出していますから、あんまりそうは思いませんけどね。

――悔しいなあ！（笑）

さて、Rubyの開発者は、まつもとゆきひろさんという方です。日本より海外でのほうが有名で、松本行弘という漢字よりひらがな、ひらがなよりもＭａｔｚという愛称で知られている方です。ちなみにこの方は、筑波大学と島根大学大学院を出ています。

——え、東大じゃないんだ。さらに親近感がわくなぁ。ＩＴ業界を席巻するのは外国人だけだと思っていたけれども、日本人も関係してるとなるとなんだか嬉しいし、やる気が出てきます

それはよかった。

でも、これでコンピュータの進化は終わりじゃないんです。人工知能という言葉は聞いたことがあると思います。

——チェスや将棋の世界で、人工知能と人間が対戦して勝ったり負けたりしていますよね。というか、最近は人間が押され気味かも

そうなんです。人工知能の特徴は、簡単に言うと、「人間のように振る舞う」ということです。

今までのコンピュータはどう動くかを人間が仕組んでいましたが、人工知能は、コンピュータが自分で考えて動く、ともいえます。

——それって、なんかＳＦの世界みたいだし、怖い気がするけど

でもすでに一部では実用化されているんですよ。音声認識などのアプリケーションは、これらの一部なのです。

3
時間目

プログラミングって、じつはこんなに簡単！

３つの指示を覚えれば、
誰でもプログラムが書ける

◆プログラミングの語源

織田さんはご自分のことを〝根っからの文系〟だと話されていましたね。だからプログラミングはまったく知らないと。

――恥ずかしながらそうです。とくにＩＴ関係の技術的なコトバが並ぶと、もうお手上げです

大丈夫です。最初からわかるなんて人はそうはいませんから。

さて、「プログラム」の語源はご存知ですか？

――いや、まったく知りません

プログラムという言葉は、古代ギリシャで生まれたとされています。正確な発音は「プログランマ」で、訳すと「公に書かれたもの」です。

――公文書ってことですか？

半分くらい当たっています。

公文書とは「公の機関またはそこで働く人が作った文書」ですよね。つまり、権力者でなくても、公の地位にいる人、たとえば平《ひら》でも公務員などが作成した文書をいいます。

ところが、ギリシャ時代にプログラムを作ったのは、権力者だったとされています。権力者が作ったプログラムは、言い換えると、国や地域を治めていくための「法律」や「ルール」です。

――そうか、権力者が庶民をコントロールするために作った〝掟《おきて》〟のようなものだな。なのに、どうしてコンピュータ用語になったんですか？

詳しくは後でお話ししますが、簡単に言うと、「意図した通り動かすようにする」という共通項があるのです。

〝ルールまたは指示に近いもの〟と考えておけば、次に進みやすくなると思いますよ。

◆そもそもプログラミングって何？

世の中にはプログラミングという言葉が溢れていますが、プログラミングってなんだと思いますか？

――え、いきなりですか。う～ん、さっきのことを思い出すと、僕にとっては、コンピュータになにかやるべき命令を組み込むことのように思えるんですが

かなり的を射ていますよ。

主流となる考え方は、

コンピュータのプログラミングとは、
「コンピュータプログラムを作成することにより、人間の意図した処理を行うようにコンピュータに指示を与える行為である」
です。

――具体的に言うと？

はい。わかりやすく言うと、こうなるように仕組みを作ることです。

Aボタンをクリックした
↓
赤い花が画面に出た
↓
Bボタンをクリックした
↓
青い花が画面に出た
↓

それ以外のボタンを押した
↓
画面に変化はあらわれない

コンピュータに「AということをしたらXという反応をしなさいよ。Bということをしたら Yという反応をしなさいよ」と、人間が意図した処理を行うようにコンピュータに指示を出して、そうなるような仕組みを作ること、といえます。

——ということは、プログラミングって、コンピュータを自分が意図するように動かすための仕組み作りってことになりますかね？

はい。でも、それだけじゃないんです。

——え、どういうことですか？

◆世の中はプログラミングで溢れている

実は、世の中にはコンピュータの世界以外にもプログラミングは存在しているのですよ。

——ちょっと待ってください。混乱してしまうじゃないですか

「プログラミング」という単語だけ聞くととても難しい「ＩＴ用語」のように思えますが、意外と日常生活に「プログラミング」は存在しています。

そういうと、やっぱり混乱しちゃうかな？

ここ、大事です。詳しく説明しますから、ちゃんと理解してくださいね。

一般的にはプログラミングというとコンピュータに人間が意図することをさせるように仕組みを作ることだと思われがちですが、プログラミングは、日常に溢れているのです。

例えば、音楽会や運動会、結婚式などにも「プログラミング」はあります。

これらのイベントはどんなふうに進行しますか？

――ええと、あらかじめ決まっている順番に進みます

そうです。これらのイベントは、決まった順番に、物事が進行します。やるべきことは前もって決められて、紙などに示されていて、参加者がそれを実行するから、会が無事に終了します。

会などで渡されたパンフレットには「プログラム」と書いてありませんでしたか？

――そうだ。たしかに運動会ではプログラムって書いてあったけど、結婚式では……え？　結婚式もプログラミングの一種なのですか？

そうです。結婚式も広い意味では「プログラミング」されています。
ちょっとシミュレーションしてみましょう。
結婚式の披露宴に招待されて、行ったとしたら、まず何をしますか？

――受付で祝儀袋を渡して、記帳します

そうですね、ちょっとまとめてみましょう。

招待客は指定された会場に行く
↓
受付で記帳する
↓
ご祝儀を渡す
↓
受付係はご祝儀を受け取り、席と式次第が書かれたパンフレットを渡す
↓
招待客は指定された席に座って披露宴が始まるのを待つ

↓
定刻になったら、司会者が披露宴を式次第にそって始める
↓
主役である花婿と花嫁、その家族、招待客全員が式次第にそって式を進める（ここには、入場、ケーキカット、祝辞、歌の披露、キャンドルサービス、両親への挨拶と花束贈呈などがやるべきタスクとして並んでいて、それを順番に実行していく）
↓
定刻が来たら司会者が披露宴の終わりを告げる
↓
招待客は引き出物を受け取り、出口へ向かう
↓
出口にいる花婿、花嫁、その家族の見送りを受けて挨拶して、退場する
↓
披露宴が終了する

どうでしょう。これらはすべてが、事前に「これこれをしなさい」と仕組まれていますよね。そして参加者はそれに従います。

そういう意味では、コレも立派な「プログラミング」です。

――ある一定のルールにそって物事が進行するように仕組むことを、プログラミングっていうんですね。今までプログラムとプログラミングの違いがわからなかったけれども、〝プログラム〟を作る、つまり「～ing」することがプログラミングってことなんだ

その通りです。そして、そう考えると、普段の生活もプログラミングで溢れています。

何を思い浮かべますか？

◆あなたも無意識にプログラミングをしていた！

――生活の中のプログラミング？　なんか指示されているようで嫌だなあ。動かされているってことでしょ。でも、それは自分で仕組んでいるものもあるんですよね

その通りです。やらされているんじゃなくて、あなたが「仕組みを作っているもの＝プログラミングしているもの」もあります。

今日の行動を思い出してください。

——今朝は、7時に目覚ましで無理矢理起こされて、顔を洗って、カミさんが作ってくれた朝食を食べて。あれ、自分から起きたんじゃなくて、目覚ましに起こされている……これって、プログラミング？

はい。そうです（笑）。

7時にセットした目覚まし時計が7時に鳴って起きることができたのは、

7時になったら選んだメロディと音量で鳴る

↓

起こす

と、目覚まし時計を自分でプログラミングした、からです。

——たしかに、自分でそうセットしたな。でもそれがプログラミングだとはなんだか思えないなあ、プログラミングってもっと難しいものなんじゃないの？

機械やコンピュータがからまないと、みなさんプログラミングじゃないと思いたいみたいですね。

でも、そこが最初のつまずきなんですよ。プログラミングは難しいものだ！　って思っちゃうから、ハードルが上がるんです。

この場合も、

鳴る時間：7時

メロディ：アラーム音A

音量：最大

と、自分でしっかり目覚まし時計にプログラミングしているんですよ。

そしてその結果として、目覚まし時計が指定された7時に、指定されたメロディと音量で鳴って、あなたは7時に起きることができた。

――たしかにそうだ

ではテレビの番組録画はどうでしょう？

――それならなんだかわかる気がします。好きな番組が始まる時間が来たら、録画するようにレコーダーにプログラミングしているわけですよね

その通りです。これを細かく書くと……

録画したい番組を選ぶ

←

その番組がある局を選ぶ

←

番組が始まる時間を選ぶ

←

1回か毎日か毎週かをセットする

←

録画する画質を選ぶ

となります。

レコーダーによっては「単語」で関連する番組をすべて録画することもできますから、機種によってはそのプログラミングも必要になります。

——でもそれが生活の中にあるプログラミングですか？　簡単すぎてなんかピンとこないなぁ

ではこれはどうでしょう。

おでんは好きですか？

——ええ、タマゴと牛すじが好きです。って、なんでおでん？

では、コンビニにおでんを買いに行きましょう。

コンビニに行って、織田さんが目的のおでんを買って食べられたとします。これはなぜですか？

——お店に入って、おでんの前に行って、店員に注文して、お金を出して？　ええ？　これはプログラミングじゃないでしょう？　僕は自分の意思で買いに行ったのですから、動かされているわけじゃない

では、店員は？

——あ、そっか！　マニュアルにそって対応しているんだ！　そうするように、店員はプログラミングされているんだ！

その通りです。簡単に書くとこういうプログラミングになります。

お客様が入店したら、店員はお客様に向かってニッコリ笑って「いらっしゃいませ」と挨拶する

↓

おでんを注文したお客様に向かって、「どれになさいますか？」と注文を聞いて、お客様が希望されたおでんダネを希望された個数だけ容器に入れる

↓

これを繰り返し、お客様が欲しいおでんダネをすべて容器に入れる

↓

合計金額を計算し、支払金額を告げる

↓

お客様からお金を受け取ったら、確認して、おつりの必要があれば渡し、レシートと一緒に商品を渡す

本物のマニュアルにはもっと詳しく書いてあるんでしょうね、お辞儀の角度とかも。日本ってそういうところがとっても細かい国ですから（笑）。

でも、お客さんが欲しいおでんを問題なく買えたのは、コンビニの店員がそう対応するようにプログラミングされていたからです。店員が、「事前にプログラミングされた手順を実行した」から、お客さんは希望するおでんを買うことができたのです。

――あ、たしかにそうだ。店員はAという場面ではBという対応をするように決められている。CがリクエストされたらDと。それって、確かにプログラミングだ。そういう目で見ると、世の中は本当にプログラミングで溢れているなぁ

その通りです。だいぶ理解できてきましたね。

ここまで勉強してきて、プログラミングは自分と無関係ではなく、みなさんが住んでいる世界にフツーに存在していることを、わかっていただけたことと思います。

「コンピュータや世の中に、意図することをちゃんと実行するように仕組むこと＝プログラミング」なのです。

この、プログラミングされた〝機械〟は、コンピュータやスマホ、タブレットやゲーム機だけではありません。例えば、あなたの好みの炊き方で食べたい時間にご飯を炊いてくれる炊飯器も、お金を入れたら欲しい飲み物を出してくれる自販機も、道路にある信号機すらも、プログラミングされています。

──たしかにそうですね。なんだか世の中を見る目が変わってきそうです。目的にたどり着くための行程を考えてコンピュータに仕組むことがプログラミングなんだ

◆パソコンに強くなるだけじゃない！　プログラミングを知るメリット

今、日本では大勢の大人がプログラミングスクールに通っていて、そこでは、もっと別なことが期待されているようなのですが、なんだかわかりますか？

──別なことって、プログラミングスクールに通うのは、プログラミングを理解したり、その技術を習得するためでしょう？　それ以外に何を求めるの？

その疑問はもっともです。リサーチによると、通う理由として、ＩＴ業界への就職や転職以外に、

・物事を論理的に考えられるようになる
・情報を短時間で処理し、最大限に活用できるようになる
・最小・最短の作業で仕事をこなし、効率アップを図れる
・新しいものを生み出す想像力や創造力を培うことができる

・リーダーとしての資質を育むことができる

などが挙げられています。

――プログラミングを理解することがこれらに結びつくのは、ちょっととびすぎというか無理がない？

本当にそう思いますか？

では、さっきのおでんのプログラミングにちょっと戻ってみましょう。

お客様が入店したら、店員はお客様に向かってニッコリ笑って「いらっしゃいませ」と挨拶する

この最初のプログラミングがもしも、

お客様が入店したら挨拶する

というプログラミングだったらどうでしょうか？

はたして店員はどんな対応をするでしょうか？

——お客様に「いらっしゃいませ」って言うのは当たり前でしょ
はたしてそうでしょうか？

もしも店員が愛想が悪いタイプだったら？

もしも店員が内気だったら？

もしも店員が「いらっしゃいませ」という言葉を知らずに「ちわー」とか「どうも〜」などと言ってしまったら？

お店に入って店員の態度にイラッとしたことはありませんか？

——あるある！　先日もある店でこんなことが……。まあそれは置いといて。そうか、誰でも正しく理解できるように、そして実行できるように、細かく正確に指示を出さなければならないんだ

その通りです。

人間ならまだ「想像力」がありますから、もしも細かく書いてなくてもある程度は自分で考えて行動できますし、人によっては臨機応変に対応もできるでしょう。でも、コン

ピュータにはそれはできません。

なので、細かく指示を出さなければならないのです。

となると?

◆なぜプログラミングを知ると仕事の効率が上がるのか

——ははあ、だんだんわかってきたぞ。物事を進める時に、あらゆることを想定してどんなシチュエーションにも対応できるようにしておかなければ〝仕組み〟はちゃんと動かないから〝仕組み〟にならない。つまり、人もコンピュータも動かない。

ということは、そのあらゆる起こるべきことを考えなければいけないし、想定外なんて言い訳できないから、想像力はたくましくなる。どんなことが起きるか予想できるようになるから、物事を論理的に進められたり、考えられたりできるようになる。

すると、一つの仕事のゴールのために何が必要か、どの順番ですることが最も効率がいいかがわかるから、ムダが省けるようになる。そしてさらに改良を進められる、というわけだ! あれ、シャルマさん、なんかニコニコしてますね

生徒の出来がいいと、先生は嬉しいものなのですよ。

いやいや、教え方が良すぎるのかな（笑）。続けてください。

――つまり、プログラミングを学ぶことで、仕事や物事を論理的に考えられるようになったり、効率化できるようになるんだ。一つの仕事を遂行するために、何が必要で何をどの順番ですればいいかを徹底的に考えて仕組みを作らなければ、意図したことがコンピュータで実行されないわけだから

その通りです。プログラミングを理解すれば、その結果として、仕事の効率化やスピードアップが図れるのはわかりますね。インドの小学校は、このこともプログラミングが与える成果や影響ときちんと認識して、授業を進めています。

では、創造力やリーダーとしての資質は？

――創造力は、プログラミングする時にあらゆるシチュエーションを想定して、その対応をいろいろ工夫することで、いろんな面から物事を見ることができるようになることと関連してそうですね。仕組んでも動かなければ、なぜ？　と追究しなければならないし、原因を探って、それに対応もしなければならない。それらの作業を繰り返すことで考える力も養えられそうだし……。でも、プログラミングとリーダーの〝資質〟は結びつかないですよ

そうでしょうか？　では、ここでクイズです。

ＩＴ業界のリーダーたちに共通しているものはなんでしょうか？

◆世界的企業のリーダーにプログラマー出身が増えている理由

――世界的なＩＴ業界のリーダーというと、ラリー・ペイジとか、マーク・ザッカーバーグとかですよね……。そうか！　彼らはみんなプログラマー出身だ！

その通りです。グーグルのラリー・ペイジ、フェイスブックのマーク・ザッカーバーグ、アマゾンのジェフ・ベゾスなどの、ＩＴ業界を席巻し常に世界に新鮮な驚きをもたらしている彼らは、全員プログラマー出身です。

そこが、ポイントです。

――なるほど、物事を論理的・効率的に進められるようになり、創造力も鍛えられると、仕事をパーツとしてではなく全体として捉えることができるようになる。それらを積み重ねることで、最終的には全体的にも長期的にも仕事を捉えられるようになり、経営者＝リーダーとしての資質を磨くことが期待できる、ということなのですね。なんだかプログラミングを学ぶと何でもできそうだなあ。でも、そんなうまい話があるの？

たしかに、プログラミングをマスターしたから明日からあなたも経営者、とはいかないでしょうね（笑）。
しかし、それらが期待されているから、可能性があると感じているから、そして実際にプログラマー出身の人々が世の中を動かしているという現実があるから、大勢の人がスクールに通っているし、政府も小学校の授業にプログラミングを取り入れることを発表したのだと思いますよ。

——なるほど、そうかあ。深いなあ

それにプログラミングができるようになれば、あなたがいなくても仕事がまわるようになります。

◆プログラミングで養われるリーダー力の本質

——どういうこと？

もうわかっているはずです。
先ほどの「おでん」の例を思い出してください。

——おでんですか？　店員がプログラミングされてたって例えでしたよね。だからどの店に行っても欲しいおでんが買える。あ、それって……

はい、答えがわかったようですね。

——誰でも同じことができるようにプログラミングしてしまえば、誰がやっても同じ結果が得られる。つまり、生産性のムラがなくなる。もしも今まで個人の力量や技術に頼っていた仕事なら、なおさらだ。結果として、一気に売り上げが増えて、それがしかも安定しますね。そして、リーダーはある程度現場を見届けて、仕事が確実に遂行できることを確認できたら、現場にいなくていいから、他の仕事ができる！

その通りです。

プログラミングを正しく仕組むことができたら、リーダーは自分が現場にいなくても仕事の効率化や生産性をアップさせることができると同時に、余った時間で次の仕事に取り組めるのです。次の段階に進めるのです。

——そうか、だからプログラミングがリーダー養成と関係あるって言われるんだ。たしかに物事を俯瞰的《ふかんてき》に見られることはリーダーには必須要件だからね。でも、そうなると、単純作業する人はつまんなくならない？　個性はどうなるの？

そこが人間の面白いところですね。コンビニではどこも同じ対応でしょうか？

——たしかに店員によって微妙に違っているな。笑顔でおでんを渡してくれる人もいれば、袋を

持ちやすいように工夫してくれる人もいるし、同じことをされてもなんか気分悪くなる人もいる

そういうことです（笑）。

——でも、そこまでプログラミングを学んでも、本当に仕事につながるんですかね？　リーダーになれる人なんてほんの一握りでしょ？

あるデータによると、２０１０年と比較して、２０２０年には日本のウェブビジネス市場は４～５倍に拡大するとの試算もあるくらいなのです。

——そんなに？

ええ。その結果、１５０万人の新しい雇用も見込まれています。

——う～～ん、すごい数字ですね。プログラミングって未来があるんだなぁ

◆プログラミングで覚えるべき基本は、たったの3つ

さて、いよいよプログラミングの世界に入っていきますが、どうして文系の方がプログラミングを敬遠するかわかりますか？

——だって、難しい単語がいっぱい並んでいるじゃないですか。ハッキリ言って、ブラックボックス！

なるほど。

では、コンピュータってどんな構造で動いていると思います？

──それが知りたいから授業を受けているんですよ

その通りですね（笑）。

実はコンピュータの構造はとってもシンプルで、3つしかありません。

──え？　3って、何が3つなんですか？

コンピュータは「順次処理」と「分岐」と「反復」の3つで動いているんです。

──冗談やめてくださいよ。コンピュータがたった3つの要素で成り立っているなんて信じられませんよ。そんなに簡単なら、苦労しません！

おやおや、信じてもらえないようですね。

では、もう一度ふりかえりましょう。

プログラミングとは人が意図したことを実行するようにコンピュータに仕組むことだ、ということとは理解できましたよね？

──はい。そこまではわかりました

では、今日はトマト農家の主人になってください。

――は？

織田さんは有機農法で名高いファーマーです。季節はいよいよ収穫のシーズンになりました。

さて、朝、目覚めました。まずどうしますか？

――なんでトマトかわからないけど、ええと、まずは朝が来たら顔を洗い、農作業ができる服に着替えます。その後トマト農園に行き、収穫をどんどんしていきます

はい。そうすると①「顔を洗う」、②「着替える」、③「農園に行く」、④「収穫をする」という順番になりますよね。①～④のように時間軸に沿って順番に処理を進めていくことを「順次処理」と言います。

では、次です。

トマト農園に着きました。どんなふうに作業しますか？

――まずは出荷できないようなキズとか割れがあるものを選り分けます

どういうふうに？

――出荷できる綺麗なトマトだけを選り分け、さらに大きさによって分けます。LサイズならLサイズの箱に、MサイズならMサイズの箱に、SサイズならSサイズの箱に、規格外ならその箱

に入れます

それが「分岐」です。

――**分岐？　選り分けるってことが分岐？　ああそうか、1本のベルトコンベヤーに乗って流されてきた商品が、何かの基準によって違うベルトに分けられていく。そんなイメージでいいのかな？　郵便物とか空港での手荷物が行き先別に分けられていくイメージ？　つまり、ある一定のルールで選り分けられることを分岐って言うんだ**

では、次はもうわかりましたね。

反復とは？

――**ある作業を繰り返すこと**

その通りです。ループとも言います。

この例でいえば、朝起きた後、順番に処理を進めて農園に着き、収穫を行っていくことが「順次処理」。そして収穫の際、トマトの種類などの条件に従って分けていく処理が「分岐」となります。

さらに、この2つの「順次処理」や「分岐」を繰り返すことが「反復」です。

これがプログラミングの基本です。一見複雑そうに見えるコンピュータですが、コンピュータは実はとてもシンプルです。

この3つの指示がコンピュータを動かしている。今はそれだけを覚えておいてください。

信じていない顔ですね。でも、複雑そうに見えますが、コンピュータはとてもシンプルです。繰り返します。この3つの指示がコンピュータを動かしている。今はそれだけを覚えておいてください。

◆アルゴリズムを知っておこう

3つの基本を覚えたら、次はアルゴリズムです。

――アルゴリズムってなんですか?

アルゴリズムとは、計算問題を解くためのプロセスや、やり方のことだと考えてください。

難しい問題を解く前に、織田さんはどうしますか?

――まずはその問題がどういうふうになっているかを分析します。何がポイントだとか、どこに注目すればいいとかをまず考えます。数学だったら、どの公式が当てはまるか、とかですね

その通りです。すべての問題は答えを持っています。問題を解く前に、私たちは問題がどんなものであるかを知る必要がありますよね。問題そのものがわからなければ、手のつけようがありませんから。

アルゴリズムとは、問題を解くために、具体的な手順を作ったり、根拠を与えたりすることです。

言い換えると、答えにたどり着くための手順を、ある一定のルールにそって定型化したもの、あるいはそのプロセス、やり方だと考えてください。

――それはわかりますが、アルゴリズムを作ることとプログラミングは、どう関係するんですか？

コンピュータを動かすには命令文が必要でしたね？

――はい、必要です

アルゴリズムはその命令文を作るのにとても役立つのですよ。

命令文はシンプルでないと、コンピュータは複雑な状況に面した時に対応できなくなって止まってしまうからです。

このシンプルな命令文を作る時に、アルゴリズムが役立つのです。

――どう役立つんですか？

物事の順番をクリアにするのに役立つ、と言えば、少しは理解しやすいですか？

——それは前にやった〝おでん〟の時みたいに、一つ一つ細かく作るってこと？

はい。あれを学ぶことで考え方の基礎はわかったと思います。

◆コンピュータが動いてくれる指示の出し方

では、さっきはおでんでしたから、今度は「インスタントラーメンを作るためのアルゴリズム」を書き出してみましょう。だいぶお腹もすいてきましたからね。

さあ、どう書き出しますか？

——こうすると思います

お湯を沸かす
↓
麺を入れる
↓
3分ゆでる
↓

食べる

残念ですが、それでは、インスタントラーメンは作れません。

——どうしてですか? インスタントラーメンって、こうやって作りますよね?

人間界ではそうですね。

でもコンピュータは「始めなさい」と命令しなければ、命令を実行できないのです。

——そうなんだ。最初にコンピュータにこれこれを始めなさい、と命令するところから始めなければならないんだ

さらには、もっと細かく命令を出さなければ、かつ正確に順番に出さなければ、コンピュータは理解できないのです。

そして、終了=停止という命令も出さなければなりません。そうでないと、永遠に同じ作業を繰り返してしまいますから、インスタントラーメンはいつまでたっても食べられないことになるんです。

では、正解を見てみましょう。

ステップ1：開始
ステップ2：鍋、丼、ラーメン、箸、お玉を用意する
ステップ3：鍋に指定された量の水を入れる
ステップ4：鍋をガス台の上に置く
ステップ5：ガスのスイッチを入れる
ステップ6：ラーメンの袋をあけてラーメンとスープの素を分けておく
ステップ7：水が沸騰したら麺を入れる
ステップ8：麺がやわらかくなったら軽くほぐす
ステップ9：中火にして計3分ゆでる
ステップ10：火を止める
ステップ11：スープの素を入れて、かき混ぜる
ステップ12：鍋をガス台から下ろす
ステップ13：箸とお玉を使って麺とスープを丼によそう
ステップ14：停止

——なるほどね、ここまで細かく指示しなければいけないのか。ちょっと面倒ですね

たしかに面倒かもしれませんが、ここまで細かく出さないと、コンピュータは判断して動くことができないのです。

例えば、

ステップ3：鍋に指定された量の水を入れる
ステップ4：鍋をガス台の上に置く
ステップ5：ガスのスイッチを入れる

という部分ですが、人間なら「ステップ4」が省かれていても、「ガス台に置かなければお湯にならないな」と判断することができますが、コンピュータの場合は「鍋をガス台に置く」を加えなければならないのです。自分では判断できませんから、いつまでたってもお湯は沸きません。人間は無いものや欠けているものを想像力で「補う」ことができますが、コンピュータは指示したことしかできないからです。

つまり、いかに正確に順序立てて命令文を作るかが大切であり、重要になるのです。

——そうか。そこまで手取り足取りしなければ、コンピュータは動かないのか
では、もう1つ例題を出します。小学生に負けないでくださいよ。

◆正確な順番にこだわって組み立てる

ある人に選挙権があるかどうか（18歳以上であるかどうか）のアルゴリズムを書いてください。

——はい。次のようになります

ステップ１：開始
ステップ２：ある人の年齢を調べる
ステップ３：18歳以上と未満に分ける
ステップ４：停止

惜しいですね。ステップ3で「分けたデータ」はどこへ行ったのでしょうか？

——うん？　どういうことですか？　インスタントラーメンの場合は順番でよかったですよね？

はい。インスタントラーメンの場合は、「作業の順番」が大切でした。

でも、この問題ではある人に選挙権が「あるかどうか」を表示することが求められているのではないですか？

——ということは、分類しなければならない

その通りです。そして、分類したものはどうなりますか？

——コンピュータに保存しなければならない

その保存とは？

——う～～ん、どうなるんだろう？

コンピュータでは、分類が大切になります。簡単に言うと、対応する名前がついた「ボックス」を作って、そこに保存するという感覚ですね。

では、どうなるでしょうか？

——こうですか？

ステップ１：開始

ステップ２：ある人の年齢をボックスＡに入れる

ステップ３：ボックスＡの中の年齢Ｘをチェックして、18歳以上なら選挙権があるボックスＢに、18歳未満なら選挙権がないボックスＣに保存する

ステップ４：停止

ふむ。だいぶよくなりましたが、まだです。

――どうしてですか？　ちゃんと分けたじゃないですか

例題は「選挙権があるかどうか」を聞いています。分類ではありません。

ということは？

――そうか、ある人、つまり年齢Ｘが該当するかどうかを判断して、さらに結果を表示しなければならないんだ

となると、どんなアルゴリズムになりますか？

ステップ１：開始

ステップ２：ある人の年齢Ｘをボックスに保存する

ステップ３：年齢をチェックし、18歳以上ならボックスＢに保存し、ステップ４に進む。

18歳未満ならボックスCに保存してステップ5に進む
ステップ4：選挙権がある、と表示して、ステップ6へ進む
ステップ5：選挙権がない、と表示して、ステップ6へ進む
ステップ6：停止

その通りです。
これなら、19歳の人のデータはステップ3から4に進んで「選挙権がある」と表示されますが、16歳の人はステップ3から5に進んで「選挙権がない」と表示されます。その結果として？

——どんな年齢の人のデータを入れても、選挙権が「ある」「ない」に必ず分類される！

よくできました。これがアルゴリズムです。
では、次にフローチャートを学びましょう。

◆プログラムをわかりやすく表したフローチャート

フローチャートってなんだかわかりますか？

――流れ図のことですよね

たしかに一般的にはそうですが、コンピュータの世界では単なる図表ではなく、命令文をそれぞれ分類して、グループ化して、その全体の流れを順番に矢印で表したものをフローチャートと呼びます。

文章であるアルゴリズムを、図と言葉と線・矢印でもっとわかりやすくしたもの、ともいえますね。

――プログラム全体の流れを、図表で示したもの、ってことですか？

そうです。

――普通のフローチャートとはどこが違うんですか？

単純に順番だけを示しているところが大きく違うのです。

――普通のフローチャートでは、部分を説明したり、大事なことの書き込みをしたりするし、それぞれのパーツがいろんな部分とつながっていたりしますよね。でも、コンピュータの世界のフローチャートは、単純に順番だけを示す、ってこと？

はい。意識して、順番、つまり作業の流れのみを正確に表す点が違っています。

――ということは、アルゴリズムで作った〝順番〟をさらに図と言葉と線・矢印で細かく表現し

たのが、コンピュータ界のフローチャート、ということなんですね

はい。そうです。

そして、図形にはそれぞれ意味があります。

――図形に意味がある？

はい。四角や丸の形によって、「処理」とか「準備」とか「判断」などすべきことがすぐにわかるようになっているのです。

――なるほど、その形を見れば、何を意味しているかがわかるようになっているんだ

その通りです。

でも、ここでは、プログラムをわかりやすく図表で表したものがフローチャートであるということをしっかり理解すれば十分です。

次の例題を使ってフローチャートを詳しく説明していきましょう。

例題：フローチャートを書いて、2つの数字AとBの間でより大きいほうを求めよ

考え方は次の通りですね。

開始します……①

↓

まず、調べる数字のAとBを入力します……②

↓

次に「AはBより大きいですか?」という条件に照らし合わせます

↓

この2つの数字のうち、Aが大きいなら、右のYESへ、小さいなら左のNOに分類されますね……③

↓

そして、右なら「Aが大きい」、左なら「Bが大きい」と表示されます……④

↓

ここで作業を終えたので、停止します……⑤

これを書くと、左ページのフローチャートになります。

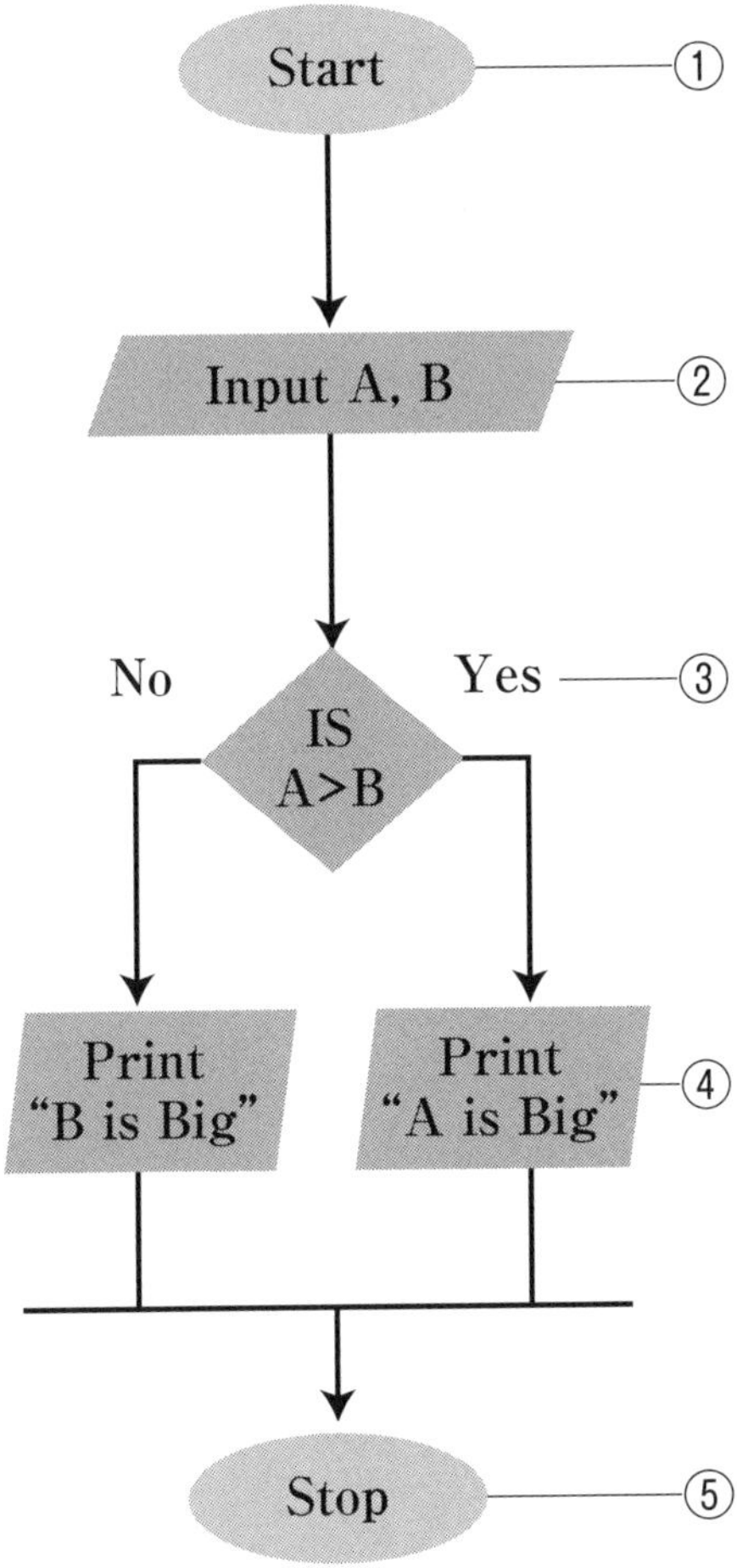
Start
①
Input A, B
②
No
IS
A>B
Yes
③
Print
"B is Big"
Print
"A is Big"
④
Stop
⑤

――なるほど。これなら文章でダラダラ書くよりもわかりやすい！

そうです。文章でわかりにくいなら、図にする。これは他の分野でも、例えば仕事でも同じではないでしょうか。

図表にしたら、全体像が見えてきて、問題点やポイントが浮かび上がってくること、多いでしょう？

◆プログラミングに不向きな人はいない

もうおわかりだと思いますが、プログラミングをすることは、意外と簡単なのです。

――簡単と言い切る自信はありませんが、かなりわかってきた気がします

それはよかった。

織田さん、プログラミングの基礎はこれで終わりです。

――ちょっと待ってくださいよ、これで終わり？

はい。プログラミングとは、なんでしたか？

――人間が意図したことを実行するように、コンピュータに命令文として仕込むこと

その命令文はなんで作りますか？

――機械語で作ります

その命令文を作るためには？

――アルゴリズムとフローチャートを活用する

そのポイントは？

――徹底的にわかりやすく、正確に、あらゆることを想定して、順番に

その通りです。プログラミングだから特別な方法を使うとか、難しいということではないんだということがわかってもらえたと思います。

そして、プログラミングにおいて最も大切なことは何でしょうか？

――論理的に考えること！

大正解です。

織田さんは文系だから苦手だと最初に話されていましたが、プログラミングすることに、文系も理系も関係ないのです。ただ、向き不向きはあるかもしれないですね。どんな人が不向きだと思いますか？

――物事を論理的に考えられず、想定外などの問題を想像したり、それへの対応をできない人というか苦手とする人、ってことですかね？

そうです。でも、実際には、不向きな人なんていないのです。根気よく頑張って理論的に考える癖をつけて、それができるようになれば、誰にでもプログラミングはできます。

4時間目は、いよいよ実際にプログラミングに挑戦してみましょう。

4
時間目

さあ、プログラミングを実践してみよう！

試したその日に書けた！
動かせた！

実践に入る前に

それでは、いよいよ実践編です。

「理屈はわかったけれど、実際にやってないからプログラムがわかったって気がしないんだよなあ」

はい、そのお気持ち、よくわかります。私（織田）自身もそうでした。

ここからは、「世界一懇切丁寧に解説した、初心者向けプログラミング実践入門」をお届けいたします。

あ、今、あなたは「また〝そのパターン〟かよ……。〝カンタン〟なんて言葉に、今までどれだけ騙されてきたことか！」とか思いませんでしたか？

いえいえ、今回だけはそうはなりません。本当に世界一懇切丁寧なんです。

なぜなら、「理系知識ゼロ・焼け野原状態」の私がこれを読み、たしかにプログラミングできてしまったのですから。

ただし、その前にもう少しだけ、プログラミングに関して私がシャルマ先生から学んだこと、例えば、「プログラミング実践のコツ」や「プログラミングの基本的な考え方とその応用」などをみなさんにお伝えしようと思います。

◆プログラミングも「真似」しながら覚えるのが効率的

子供が言語を覚える時は、大人の会話を真似しながらマスターしていきます。単語の意味や文法を学ぶのはずっと後のことで、日常レベルなら「とりあえず通じればＯＫ」な場面がほとんどでしょう。

プログラム言語も同じで、「まずはお手本を真似しながら、実際に動かしてみるのが効率的」と、先生は何度となく言っていました。ここではサンプルプログラムと実行方法を用意したので、安心して〝真似して〟ください。

細かい意味など疑問は出ると思いますが、ここでは「とりあえず動けばＯＫ」と考えていただいて大丈夫です。

◆すべての文を厳密に書かなくてもＯＫ

「コンピュータは人間に比べて判断力や想像力が弱い」と、3時間目の授業で先生から教えてもらいました。たしかにプログラム文で大切な手順を抜かすと、正しく動かせません。しかし通常の言語のように「訛《なま》り」や「イントネーションの違い」は許されるケースが多くあるのも、もう一方の事実です。

例えばプログラムを書く時も「スペースの開け方」「置き換えて大丈夫な単語」など、ある程度自由がききます。

日本語に標準語はあっても、完璧な表現ができる人はほとんどいませんよね。同様にプログラムだからといってあまり厳密に考えず、まずは気軽に書いてみるのがいいと思います。

◆変えていい順番、変えてはいけない順番

3時間目にプログラミングの3つの基本、「順次処理」「分岐」「反復」を学びました。実践に入る前に、その3つを少し丁寧に復習しておきましょう。

時間軸に沿って順番に処理を進めていく「順次処理」とは、プログラミングの前提となる考え方だということを学びました。ここまでの授業でも何度か出てきた言葉ですね。日常生活の朝起きた場面で例えると、「トイレで用を足しながら顔を洗う」ような同時処理（並

列処理）は、コンピュータも得意ではありません。

この例では「トイレで用を足す」→「顔を洗う」と順番にこなしていくのが自然。しかし、人によっては「顔を洗う」→「トイレで用を足す」と順番が変わることもあるでしょう。どちらが先でも朝の支度を進める目的に大きな影響はなく、好みで順番を決めていいケースです。

一方、「着替える」→「ドアを開けて外出する」という順番を、「ドアを開けて外出する」→「着替える」と逆にするのは支障が出そうです。順番を自由に入れ替えるのは難しいケースといえるでしょう。

これを踏まえて簡単なプログラミングの「太い赤線を引く」処理に置き換えると、「ペンの太さを指定する」→「色を赤で指定する」→「線を引く」という手順が組めます。順番を少し入れ替えて「色を赤で指定する」→「ペンの太さを指定する」→「線を引く」としても、実行結果は同じです。

しかし「線を引く」→「色を赤で指定する」→「ペンの太さを指定する」になると、既に線を引いてしまった後なので期待した線の色と太さが反映されません。

このように変えていい順番と、変えてはいけない順番があります。

◆大きな「分岐」と小さな「分岐」

プログラミングの基本の2つ目である「分岐」は、例えば雑誌などでよく見かける「恋愛タイプ診断」などのコーナーを思い浮かべるとイメージしやすいでしょう。「思い立ったらすぐ行動する？」といった質問に対し、「はい／いいえ」の矢印で進んでいく図を目にしたことがあると思います。

そうなんです。よく見かけるこうしたタイプ診断は、分岐を利用したフローチャート。このフローチャートをもとにプログラミングし、自作のタイプ診断や心理テストをインターネットで公開している例はたくさんあります。

また分岐には全体に影響のある大きなものと、影響のあまりない小さなものがあります。車のドライブで考えると「右へ行くか左へ行くかで、到着する場所が違ってくる」のが大きな分岐。「右へ行っても左へ行っても同じ場所へ着くけど、見える景色は変わる」のが小さな分岐です。

ただし小さな分岐にも軽視できないケースがあるのが、プログラミングの面白いところです。

旅行なんかでも、たまたま寄った食堂が驚くほど美味しかったという経験を持つ方もいるでしょう。プログラミングでも、小さな分岐の先にあるちょっとした処理が、後々大きな意味を持つことも少なくありません。

またプログラミングでは分岐で一気に先の処理へ進んだり、逆に元へ戻される構造も多用されます。細かい分岐を作っていて、プログラムの全体像がわからなくなったら、3時間目で習ったフローチャートの出番です。

4時間目ではそれほど複雑な分岐処理は扱いませんが、慣れたら仕事などにも使える手法です。

◆「反復」は効率アップの大きな武器

例えば「紙をハサミで100枚切る」という作業をマニュアル化する時、「紙をハサミで切る、紙をハサミで切る、紙をハサミで切る……」と同じ文章を100回書くのは非効率。ここは「紙をハサミで切る（それを100回繰り返す）」としたほうが、表現の巧《うま》さはともかくマニュアルを書く文量と手間が省けます。

プログラミングでも「For」といった命令文を使うことで、同じ処理を繰り返す「反復」

が可能です。反復は文量を圧縮できるだけでなく、書き間違いのリスクを避けられます。

先ほどの「紙をハサミで切る」という文をマニュアルに100回書く方法だと、どこかで「紙でハサミを切る」などと書き間違えた時が大変です。マニュアル通りに実行したら、紙ではハサミが切れず作業が行き詰まるでしょう。

人間なら誤字と判断して笑えることも、コンピュータは忠実にやってしまうのがちょっと怖い点ですよね。

プログラムの文量が多いと、間違っている箇所を見つけて直すのも一苦労です。そこでこの「反復」を使えば、全く同じ処理の繰り返しが可能です。文量も圧縮できるため間違いを見つけやすく、正確さが増します。

4時間目でも反復は何度か出てくるので、効率化のアイディアに役立つかもしれません。

◆プログラミングで発想の転換力を養える？

先ほど「紙をハサミで100枚切る」作業をマニュアルに書く際、「紙をハサミで切る（それを100回繰り返す）」とするのが効率的だと述べました。しかし作業の内容そのものを見直すと、紙を1枚1枚切っていくのは時間のロスが大きいかもしれません。

むしろ「紙を先に100枚重ねる」→「ハサミで切る」としたほうが、大幅に作業時間を短縮できるでしょう。

100枚を一気に切るのが無理なら、「紙を先に20枚重ねる」→「ハサミで切る」を5回繰り返せば目的は達成できます。これでも作業時間は、当初の20分の1。発想の転換が合理化につながるケースです。

プログラミングに少し慣れてくると、「この書き方ってムダがないか？」と思う場面が出てきます。エラーが多かったり実行に時間がかかる時こそ、見直しのチャンスです。反復や順番の入れ替えで文章量を圧縮し、なおかつエラー解消できた時の達成感は気持ちがいいものです。

プログラミング手順の見直しは仕事の業務改善に応用でき、発想の転換力を養える可能性が大いにありそうです。

◆言語ごとにどんな違いがあるのか

本章で使うのは、初期のプログラミング言語「BASIC」をベースにした、プログラミングの入門者向けツール「Small Basic」というものです。機能は絞られていますが、それだけにプログラムを組んで動かすのはこんな私でも意外と簡単でした。元となったBASICは基本的な「順次処理」「分岐」「反復」を網羅した、初心者向けの言語です。

ついでに、私が先生から教えてもらった他の有名な言語を軽く紹介しましょう。まずは、今なお強い影響力のある「C言語」。この言語では、命令や計算のバリエーションが増え、従来より複雑な動きを作れるようになりました。実例として家電製品や自動車の制御プログラムでは今でも「C言語」がよく使われています。

「C言語」は、自由度と実行スピードも速く、広く普及する要因となりました。時代に合わせてオブジェクト指向（詳しくは次項で解説）の「C++」や、「Objective-C」などへ発展しています。

同じくよく聞かれる「Java」も、基本構造はC言語と似ています。オブジェクト指向を備えているほか、パソコンやOSの種類にとらわれず動く汎用性が大きな特徴。企業のデータベースや、サーバなどでも活用されています。

名前の似ている「JavaScript」はJavaとの共通点があまりなく、ウェブ制作で活躍するプログラミング言語です。

最後に日本人が開発したプログラミング言語の「Ruby」。標準機能をカバーする上、文

プログラミング言語MAP

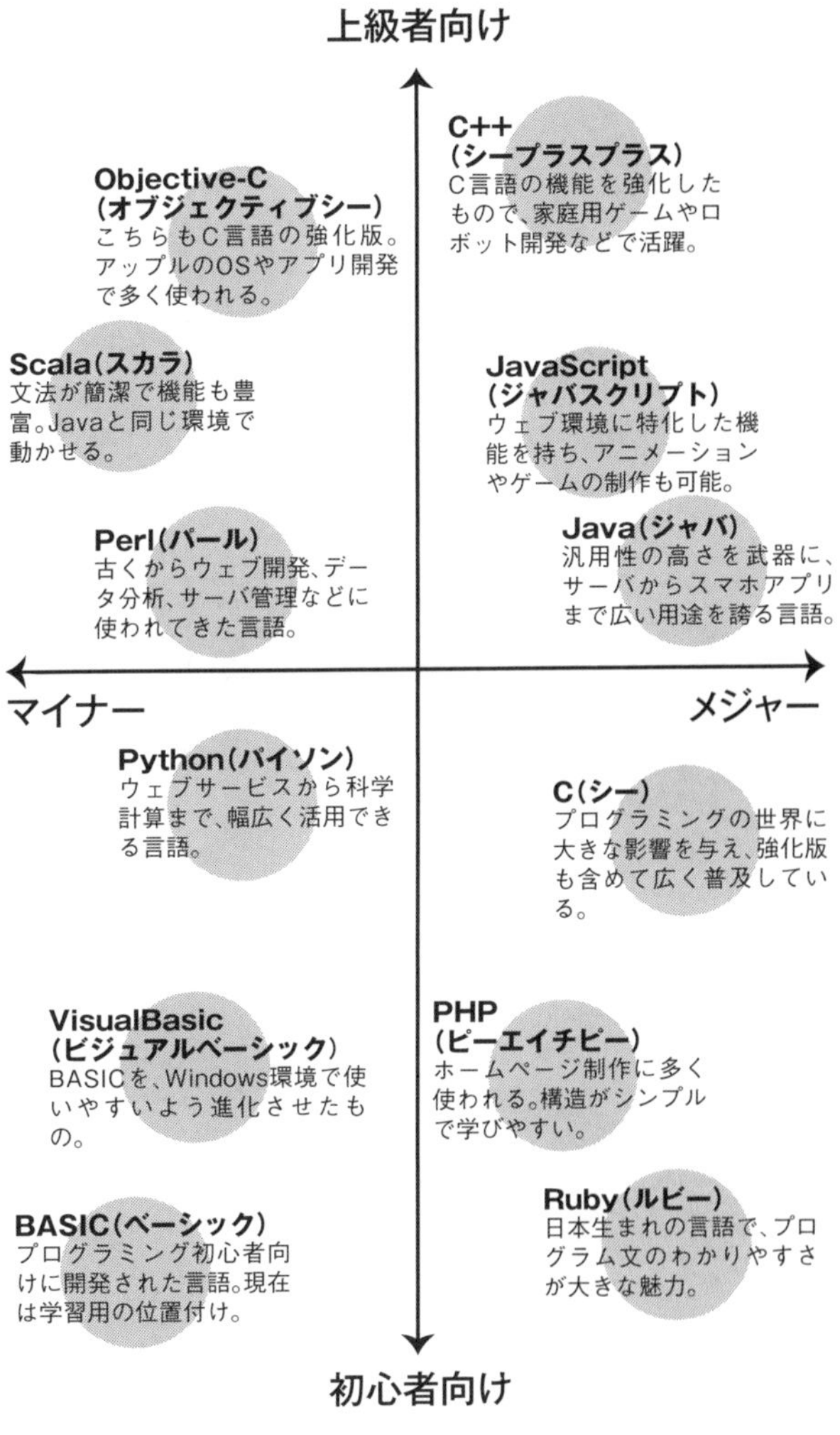
上級者向け
初心者向け
マイナー
メジャー
C++
(シープラスプラス)
C言語の機能を強化したもので、家庭用ゲームやロボット開発などで活躍。
Objective-C
(オブジェクティブシー)
こちらもC言語の強化版。アップルのOSやアプリ開発で多く使われる。
Scala(スカラ)
文法が簡潔で機能も豊富。Javaと同じ環境で動かせる。
JavaScript
(ジャバスクリプト)
ウェブ環境に特化した機能を持ち、アニメーションやゲームの制作も可能。
Perl(パール)
古くからウェブ開発、データ分析、サーバ管理などに使われてきた言語。
Java(ジャバ)
汎用性の高さを武器に、サーバからスマホアプリまで広い用途を誇る言語。
Python(パイソン)
ウェブサービスから科学計算まで、幅広く活用できる言語。
C(シー)
プログラミングの世界に大きな影響を与え、強化版も含めて広く普及している。
VisualBasic
(ビジュアルベーシック)
BASICを、Windows環境で使いやすいよう進化させたもの。
PHP
(ピーエイチピー)
ホームページ制作に多く使われる。構造がシンプルで学びやすい。
BASIC(ベーシック)
プログラミング初心者向けに開発された言語。現在は学習用の位置付け。
Ruby(ルビー)
日本生まれの言語で、プログラム文のわかりやすさが大きな魅力。

法チェックの大らかさが魅力です。厳密なルールに縛られずプログラムを書けるため、仕事用としても趣味用としても普及しています。

プログラミングの世界には数え切れないほどの言語が存在します。普及度や扱いやすさ、使用目的や実行環境によって言語の選択肢はさまざま。混乱しそうですが、ベースの組み立ては一緒なので、最初は言語を絞って徐々に守備範囲を広げていくのが賢い方法のようです。

◆プログラミングの世界を変えた「オブジェクト指向」

プログラミング言語の流れを大きく変えた「オブジェクト指向」について、2時間目の授業でも軽く学びました。

独立したプログラムやデータを部品（オブジェクト）ごとに作り、自在に組み合わせて全体を完成させるというものです。

建築のイメージだとBASICやCなど初期の言語は、大工が柱を一本一本削って建てる在来工法。

Javaや Ruby といったオブジェクト指向は、工場生産した部品を現地で組み立てる工法という捉え方をするとわかりやすいかもしれません。

どちらが優れているという話ではありませんが、オブジェクト指向言語の登場により、複雑で巨大なプログラムを短期間で開発できるようになりました。

プログラミングのポイントとしては、それぞれの部品を共通ルールでシンプルに作ること。そして部品同士のつながりをわかりやすく、明確化すること。これは組織運営でいうところの「ムラのないサービス」や「見える化」にあたるでしょうか。

さらに類似する処理のプログラミングを省略したり、データの流れを外部からはわからないようにすることも可能です。これは仕事のアウトソーシング化や、機密管理につながる発想ともいえます。

ここではオブジェクト指向の言語は扱いませんが、根本の考え方は同じ。概念を知るだけでも組織運営や、マネジメントのヒントが得られるかもしれません。

◆仕事を大局的に見られるようになるメリットも

現代の仕事は分業化が進み、一人のスタッフが携われるのは全体のほんの一部。とくに大きな組織だと、自分の働きが全体にどう影響するか実感しにくいでしょう。日々の頑張りが結果として表れるまで、タイムラグがあるのも厳しいところです。

その点プログラミングは、最初から最後まで自分の手で完結させることが可能です。プログラムを書いた結果もすぐ反映されます。途中でエラーがあった時は、修正する過程でどこが悪かったのかよくわかるのも大きな特徴。「結果」と「原因」の関係を学ぶ教材としてうってつけです。

一本のプログラムを完成させて動かす体験を通して、全体と部分のつながりを考える習慣が鍛えられる気がします。

仕事でいえば、一つの作業が組織にどのような影響をもつかを捉える思考力に置き換えられるでしょう。また、組織が目的を達成するためにどんな作業を重ねればいいかの大局観が身につきます。

これは将来につながる、大きな財産となるかも……です。

◆いざ、プログラミングの世界へ！

ここでのサンプルプログラムは100行足らず（A4用紙2~3枚程度）の短いものですが、プログラミングで最初に学ぶべき基礎は網羅される内容になっています。おそらく、数時間あれば完成するでしょう。

エラーになる原因や内容変更時の実行結果も記載しているので、試しながら動かせばより理解が深まります。

最初は意味がつかめなくても、どんどん書いて先へ進めてみてください。動かした後に初めて腑《ふ》に落ちるのも、プログラミングならではの特徴です。

それでは次ページから、サンプルプログラムで練習する手順を紹介します。

プログラミングの世界へ、第一歩を踏み出しましょう！

サンプルプログラムでこんなことができる！

左の画像は、これから紹介するサンプルプログラムの実行結果です。文字、線、動く図形、画像、さらに音の出し方までバランスよく学べる構成です。プログラミングソフトのダウンロードから、実行までの手順はとても簡単。自分で動かす面白さを気軽に味わえます。

また基本である「順次処理」はもちろん、「分岐」や「反復」もサンプルに入っています。どのプログラミング言語でもベースの考え方は一緒なので、ここで雰囲気をつかめば後々まで応用できます。

ここではサンプル全体の動きを9つのパートに分け、それぞれに対応するプログラムの入力方法とポイントを解説しています。一つの動きに必要なプログラム文は5～15行程度なので、どんどん書いて実行してみてください。

次々ページからソフトのダウンロード、操作方法、サンプルの実行方法を順番に紹介していきます。

こんなプログラムが自分で作れる！

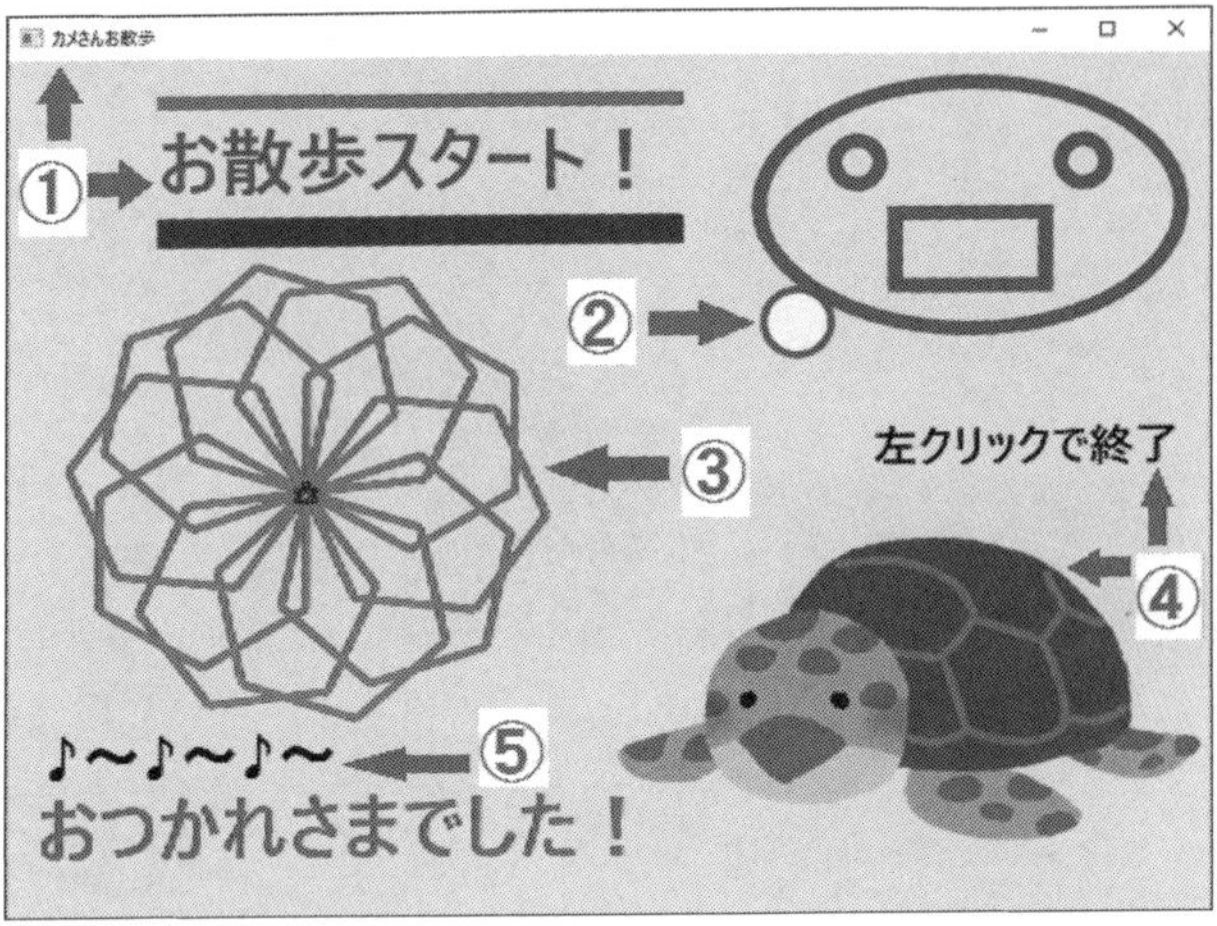

矢印①……パソコン画面に水色のウインドウが現れ、文字や線が表示されます。
矢印②……左からボールが転がってきて、図形で描いたカメの顔にぶつかります。
矢印③……小さなカメが動き出し、模様を描いていきます。
矢印④……カメのイラストと、マウスで操作できる文字が表示されます。
矢印⑤……ピアノ音が鳴り、最後の文字が表示されて終了です。

まずはこのソフトをダウンロード

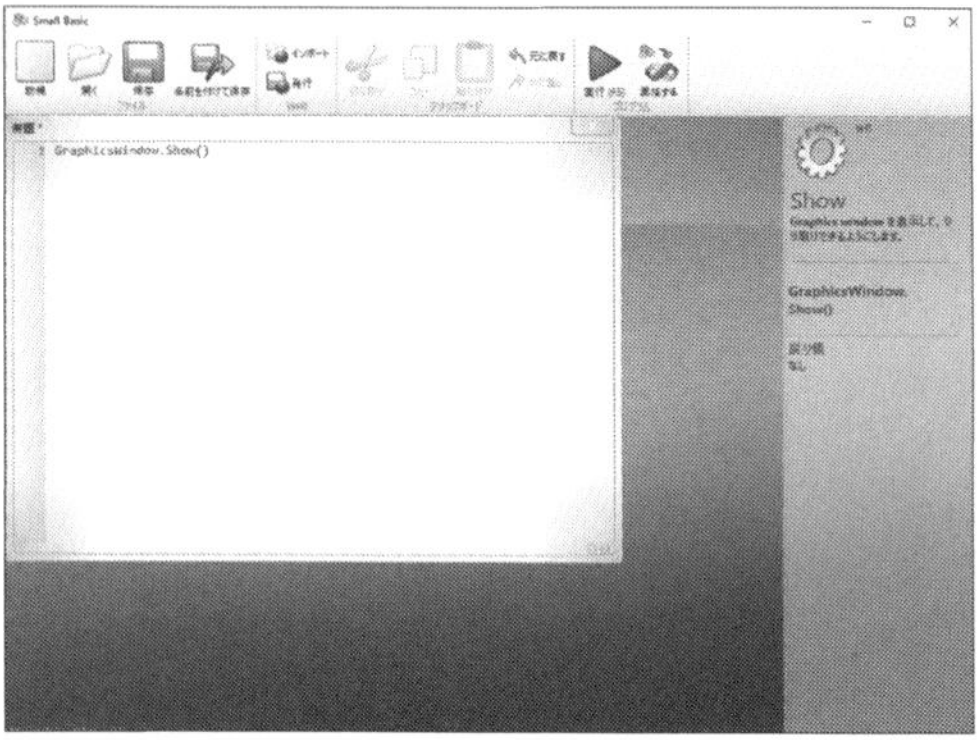

今回プログラミングに使うのは、Microsoft 社が無料で提供している「Small Basic」というソフト。

面倒なユーザー登録などは不要で、上のような画面に書いたプログラムをすぐ動かせるのが魅力です。また便利な機能が、単語の予測入力。タイピングミスが原因で動かないという状態を、かなり防ぐことができます。

それではさっそくダウンロードして、パソコンで使ってみましょう！　手順は左のページから解説します（画面は Windows 10 での操作例です）。

① Small Basic のサイトを開く

まずインターネットを開いてアドレス欄に http://smallbasic.com/ と打ち込み、検索ボタンかエンターキーを押します。

②ダウンロードボタンを押す

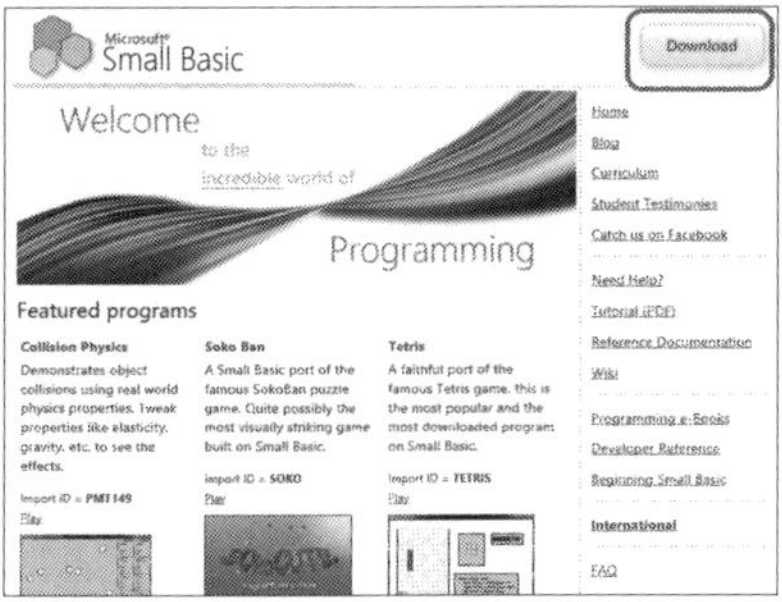

Small Basic の英語サイトへ行ったら、右上の「Download」ボタンをクリックします。

③言語を選ぶ

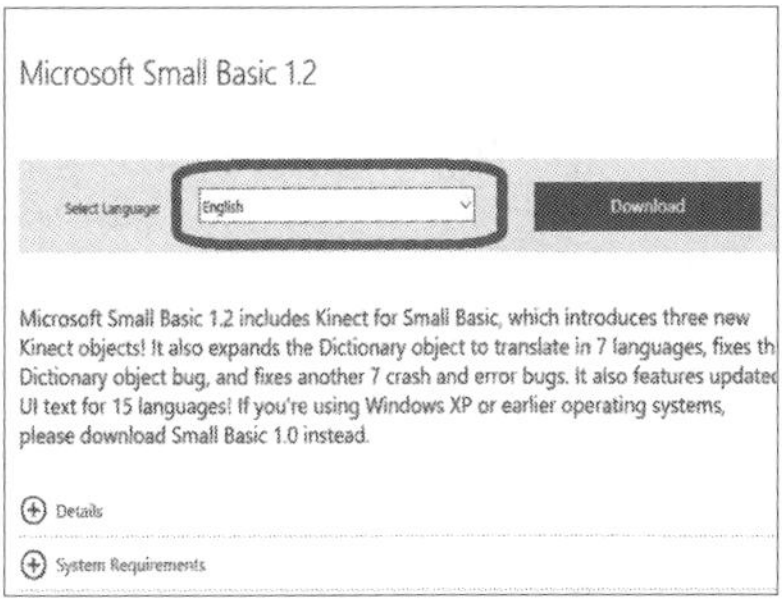

言語を選ぶページに移動したら、中央のボックスで「English」となっている所をクリックします。

④日本語を選択する

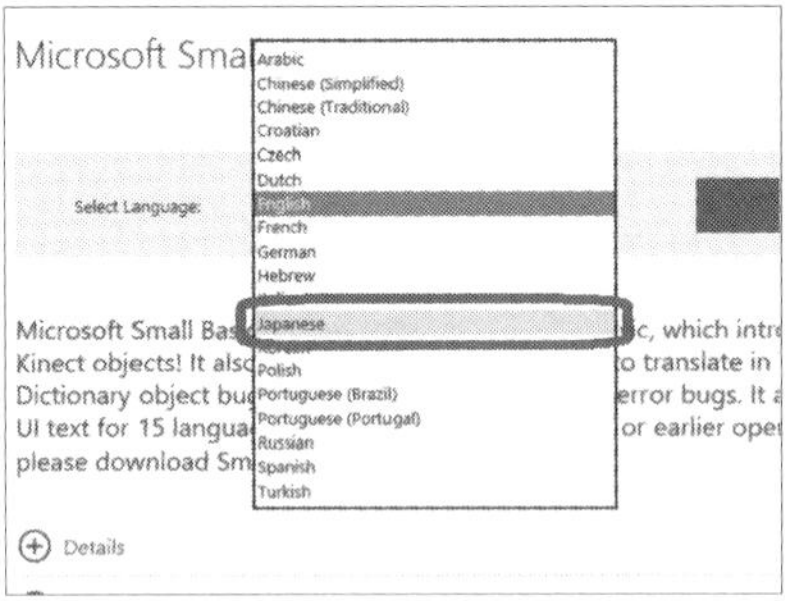

このようにボックスが広がったら、「Japanese」を選択しクリックします。

⑤ダウンロードボタンを押す

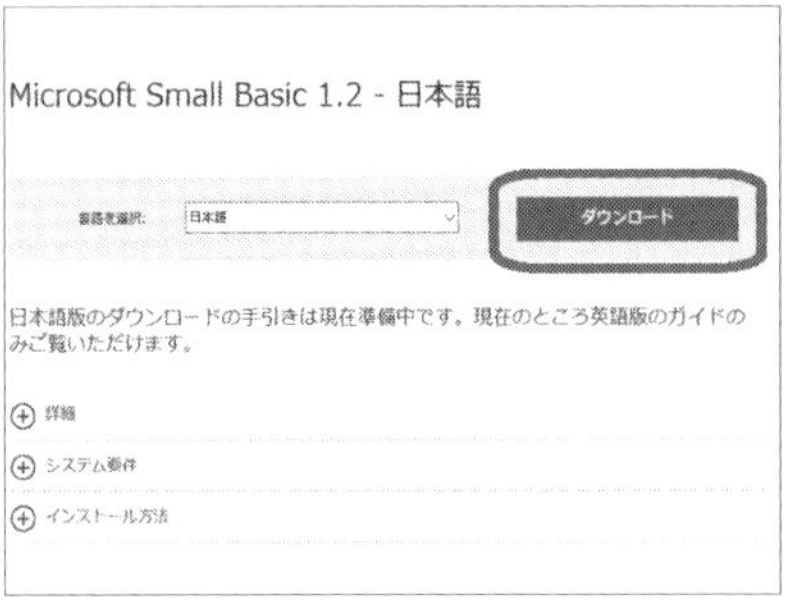

ボックスの中が「日本語」に変わったら、「ダウンロード」ボタンをクリックします。

⑥ソフトがダウンロードされる

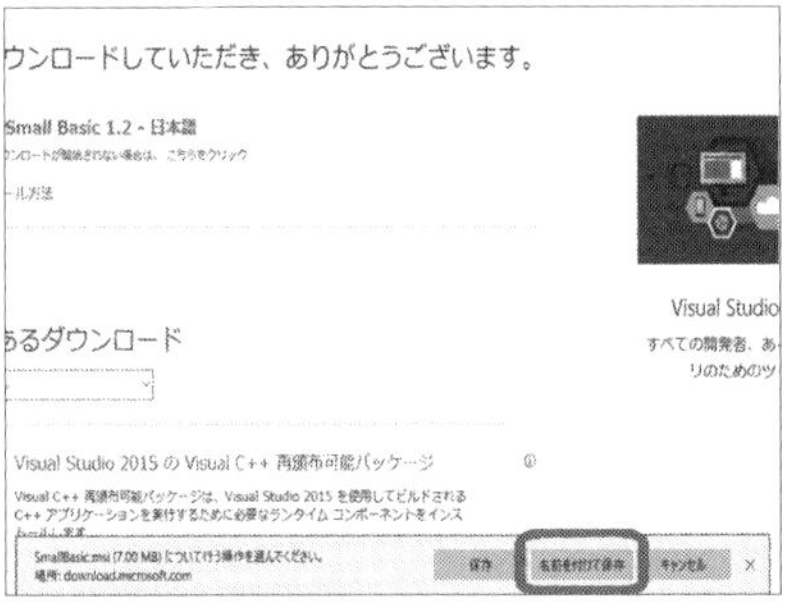

ソフトが自動でダウンロードされます。もし画面のような質問が出たら、「名前を付けて保存」ボタンをクリックします。

⑦保存先にデスクトップを選ぶ

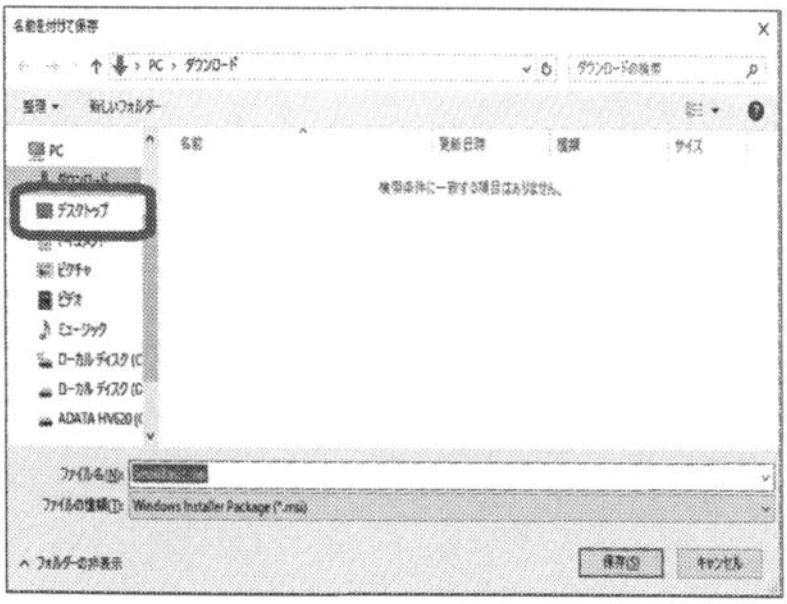

「名前を付けて保存」を押すと、保存先を聞かれます。わかりやすいように「デスクトップ」を選びましょう。

⑧保存ボタンを押す

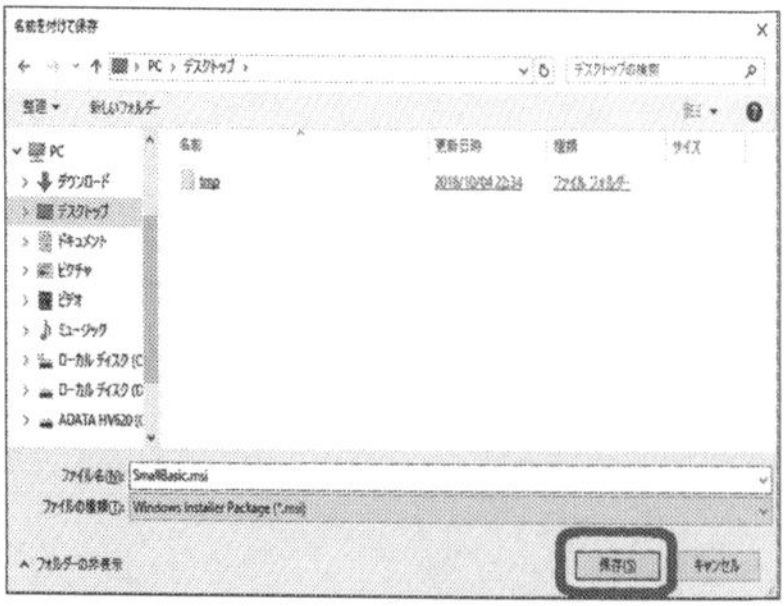

デスクトップを選んだ状態で、「保存」ボタンをクリックします。

⑨ダウンロード完了画面を閉じる

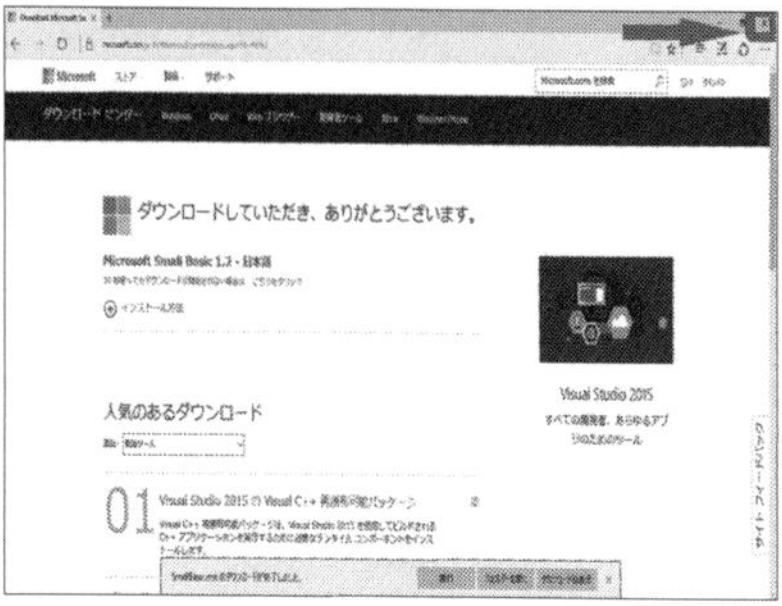

ダウンロード完了の画面が表示されます。その場でインストール実行ボタンを押しても大丈夫ですが、ひとまず右上の「×」ボタンで画面を閉じたほうが安全です。

ソフトをインストールしよう

①インストール用のアイコンをクリック

デスクトップに作られたアイコンをクリックします。見当たらない時は違う所（「ダウンロード」フォルダーなど）を探すか、再度ダウンロードしてみてください。

②設定画面を進める

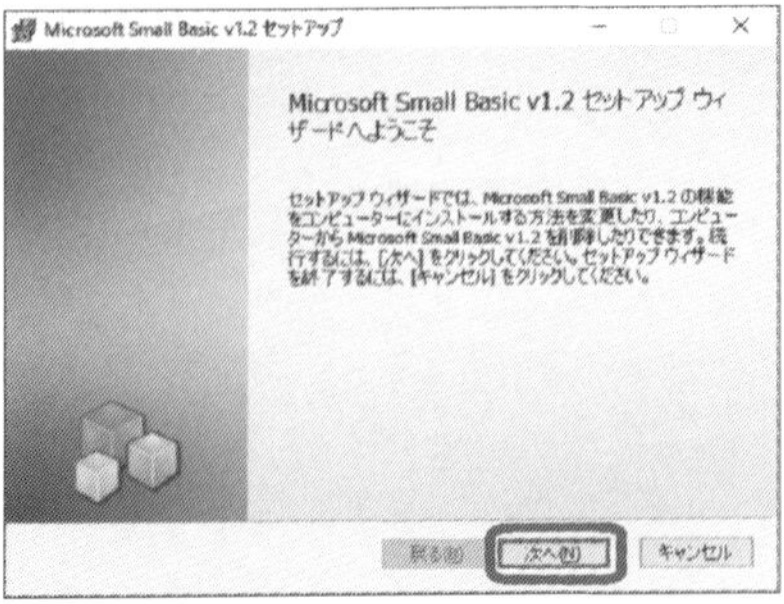

アイコンをクリックするとこのような設定画面になるので、「次へ」ボタンをクリックして進めます。

③同意にチェックを入れる

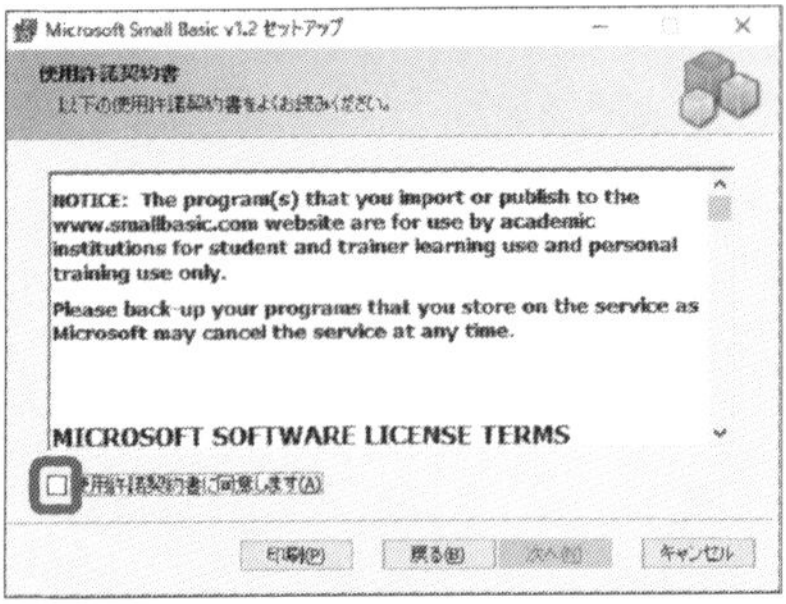

「使用許諾契約書」の画面が表示されたら、「同意します」にチェックを入れます。

④「次へ」ボタンを押す

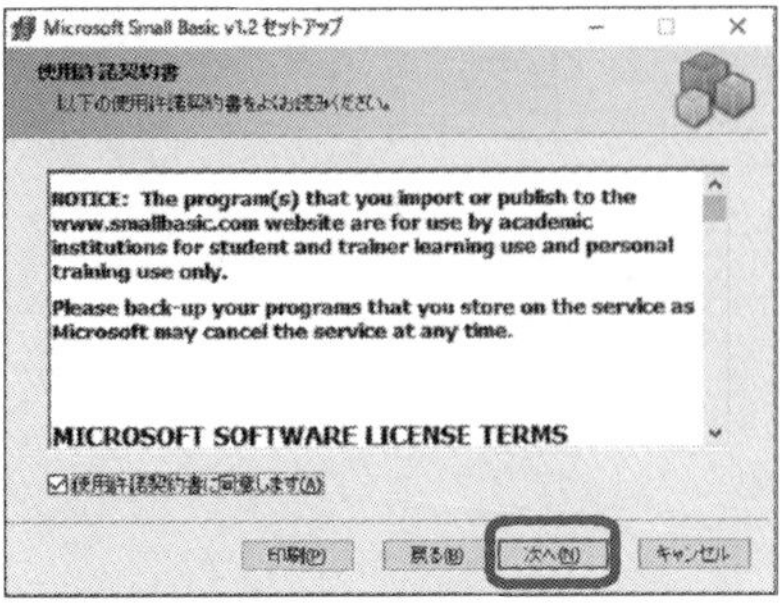

「次へ」ボタンが操作できるようになるのでクリックします。

⑤日本語機能を有効にする

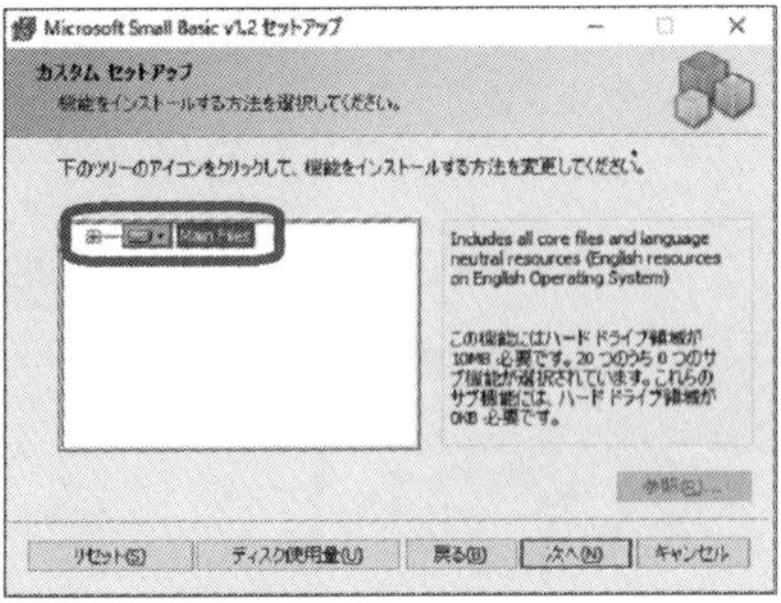

機能を選択する画面に移ったら、日本語を有効にするため「Main Files」または「+」の所をクリックします。

⑥スクロールして日本語を探す

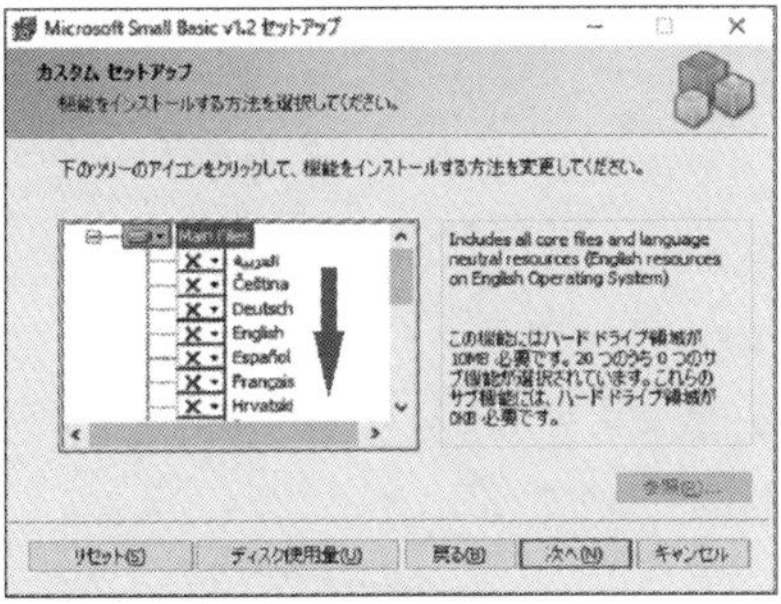

選択肢がこのように広がったら、下の方までスクロールして「日本語」を探します。

⑦日本語の左の「×」ボタンを押す

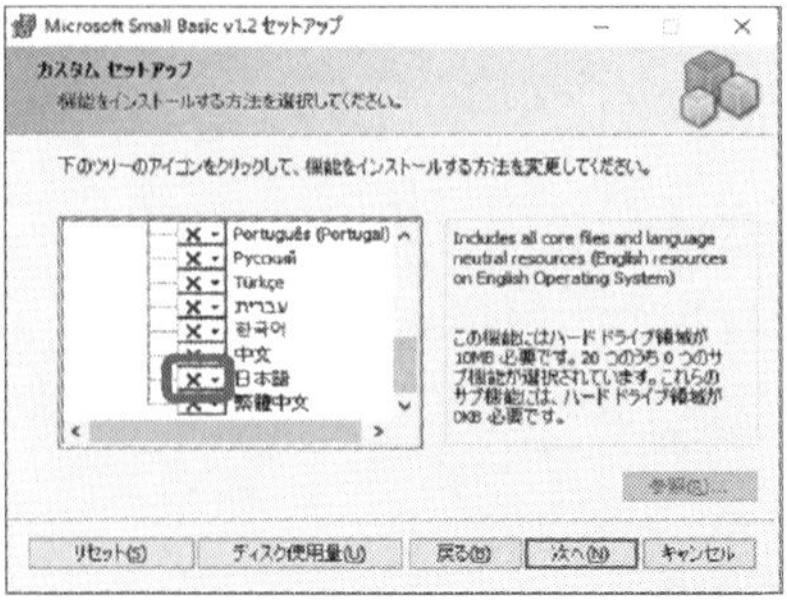

スクロールして「日本語」を見つけたら、左にある「×」ボタンをクリックします。

⑧ローカルハードドライブを選択する

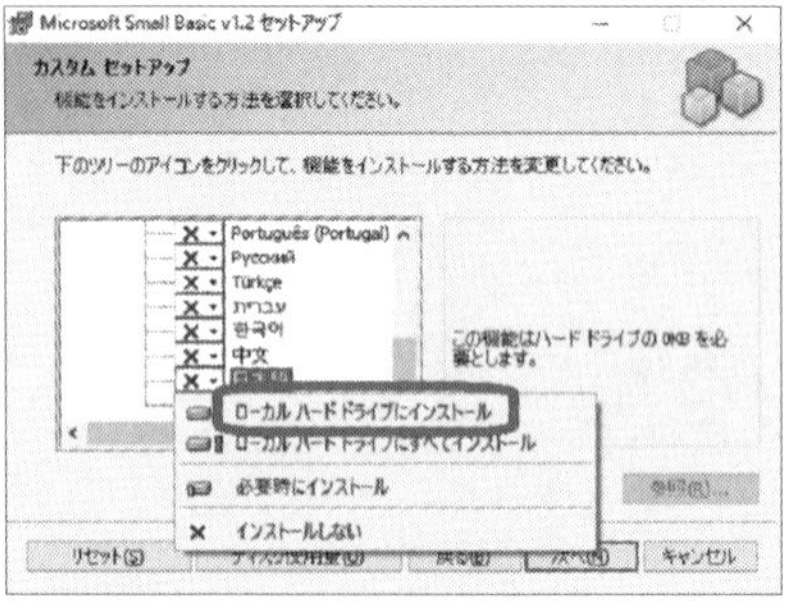

画面にこのような選択肢が現れたら、マウスで「ローカルハードドライブにインストール」を選択します。

⑨選択状態になったらクリック

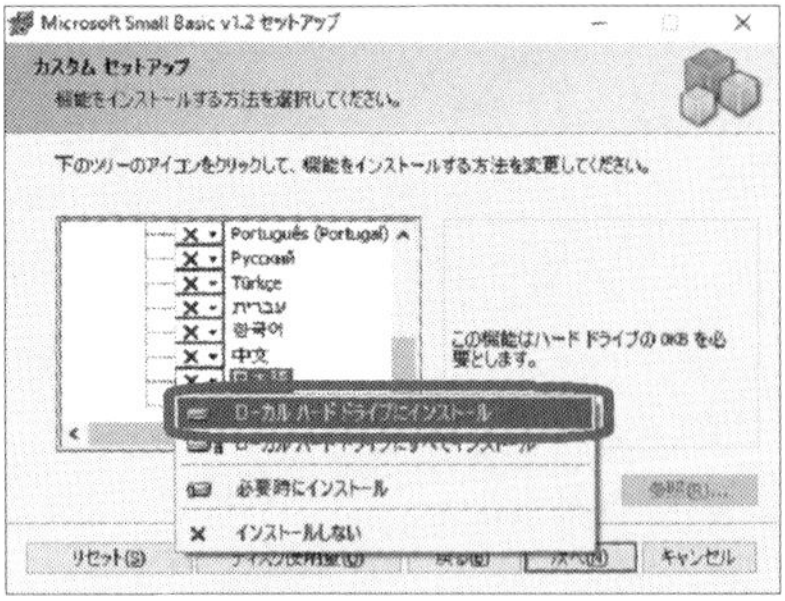

「ローカルハードドライブにインストール」を選択すると色が反転するので、その状態でクリックします。

⑩日本語が有効になったら「次へ」を押す

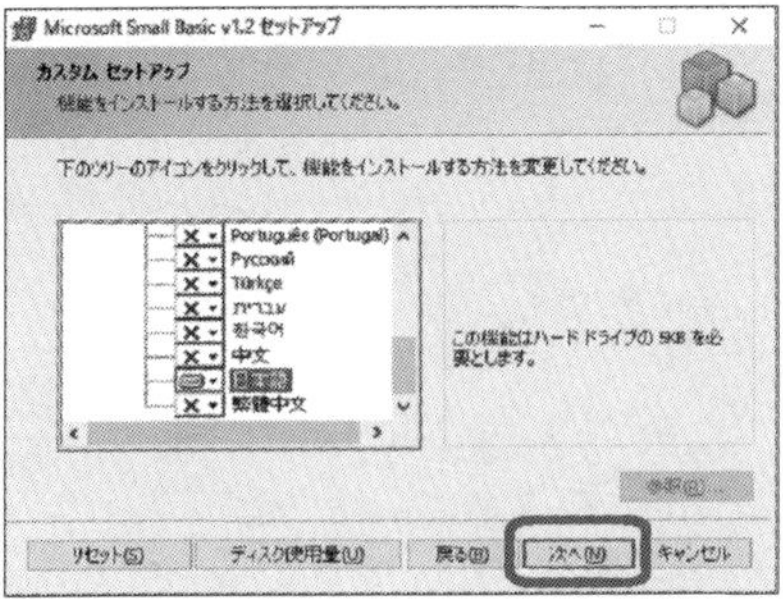

ソフトの日本語機能が有効になるので、「次へ」ボタンをクリックします。

⑪「インストール」ボタンを押す

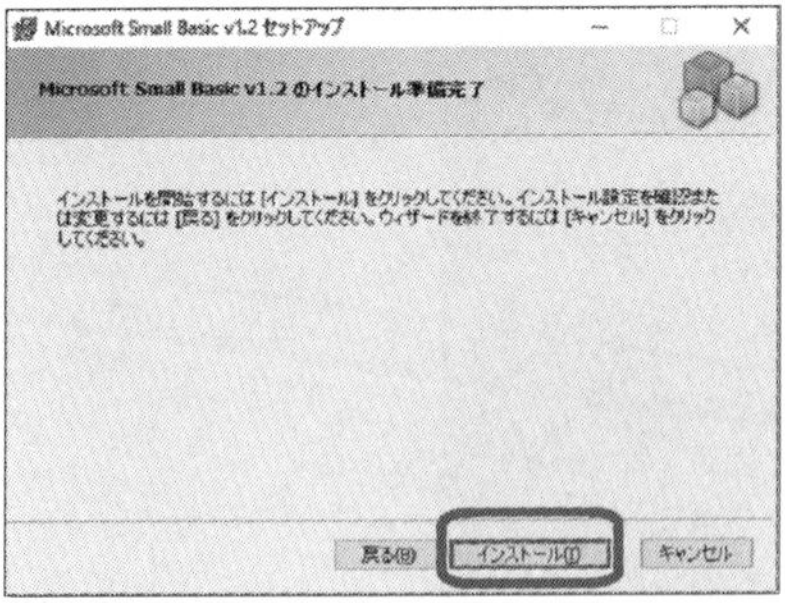

準備完了の画面になったら、「インストール」ボタンをクリックします。途中でウイルス対策ソフトの確認が入った場合は、「はい」「OK」などで先へ進みます。

⑫インストール完了まで待つ

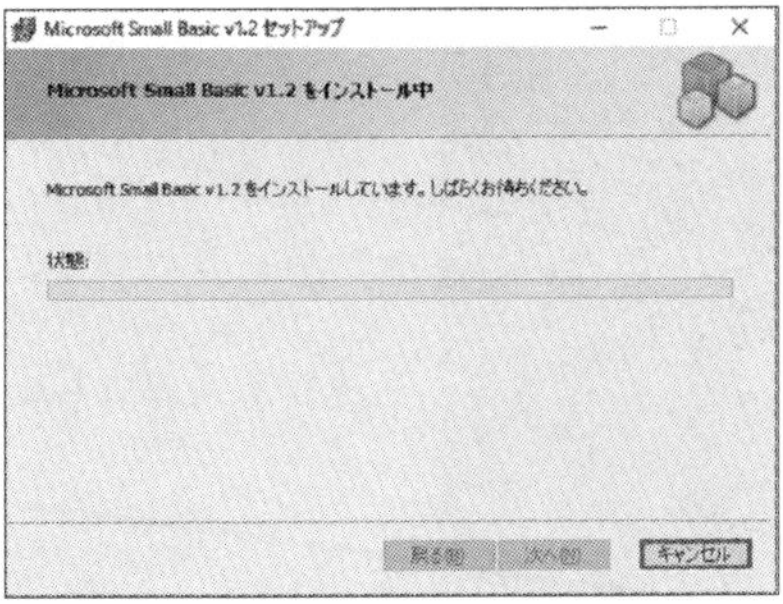

インストール中の画面になります。完了まで通常それほど時間はかかりません。

⑬インストールを完了する

最後の画面で「完了」ボタンをクリックしたらインストールOK！ さっそく使ってみましょう。

⑭スタートメニューを呼び出す

パソコン画面左下のスタートメニューをクリックし、呼び出します。

⑮ Small Basic を探す

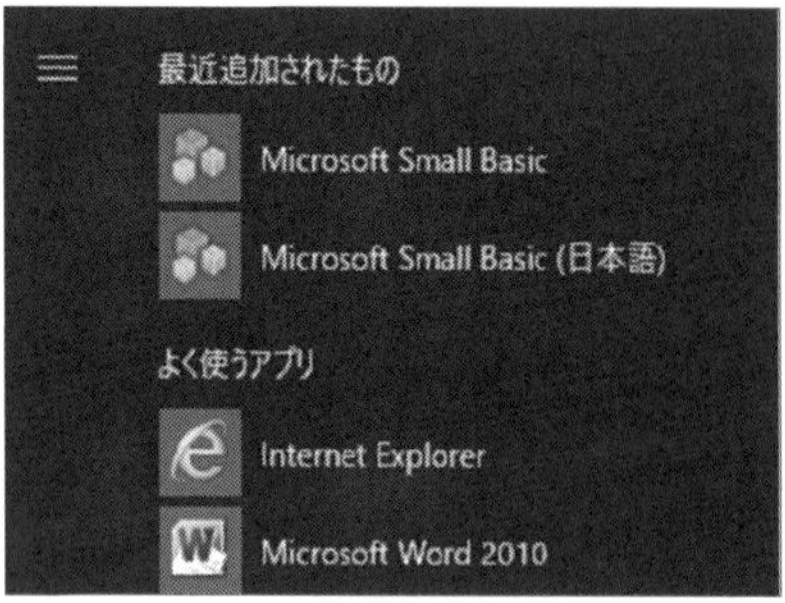

メニューを開くと、目立つ所にSmall Basicが追加されていると思います。見つからなければプログラム一覧の「M」か「S」付近を探してみましょう。

⑯デスクトップにショートカットを作る

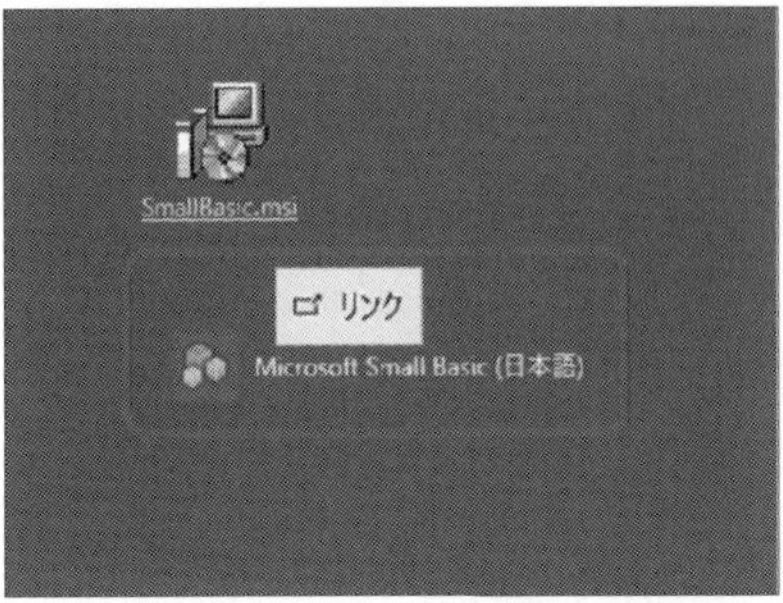

そのままSmall Basicをクリックしても使えますが、デスクトップにドラッグ＆ドロップ（マウスの左ボタンを押したまま移動）するとショートカットができて便利です。

⑰インストール用アイコンをごみ箱へ

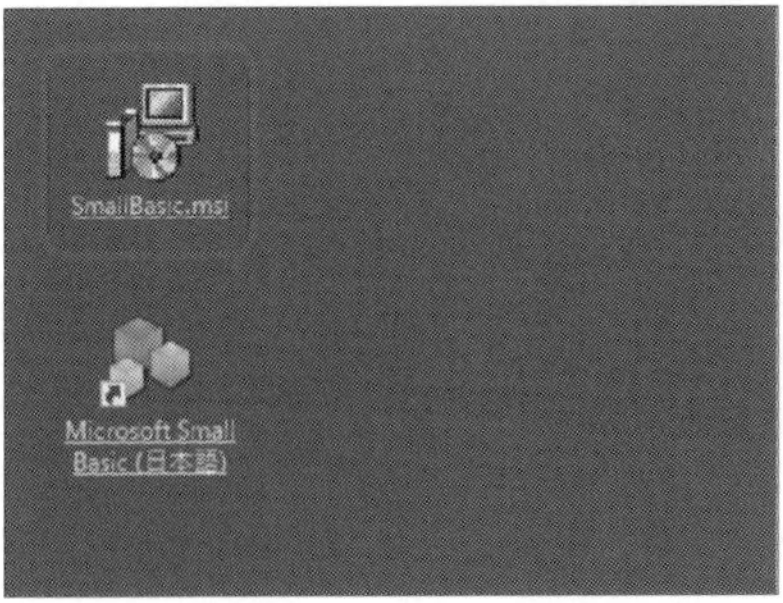

インストールが正常なら、設定時のアイコンはもう使わないのでごみ箱へ捨てても大丈夫です。（特にこのタイミングで捨てなくてもOK）

⑱ Small Basic をクリックする

Small Basicのアイコンをクリックします。次ページから大まかな基本操作を練習しましょう。

Small Basic の基本操作を知ろう

① Small Basic の入力画面

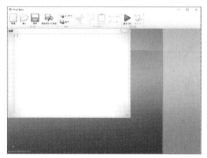

クリックして開いたSmall Basic の入力画面は、とてもシンプル。上のボタンも通常4～5個しか使いません。操作にすぐ慣れることができます。

②まず文字を入力してみる

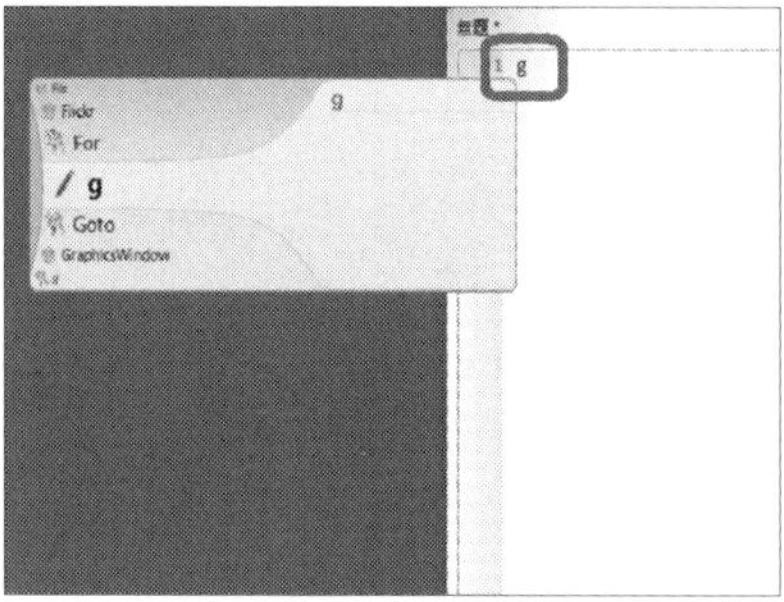

まずは画面に、半角英数の「g」と入力してみましょう。新しく「g」と書かれたウインドウが現れたと思います。

③「GraphicsWindow」という単語を探す

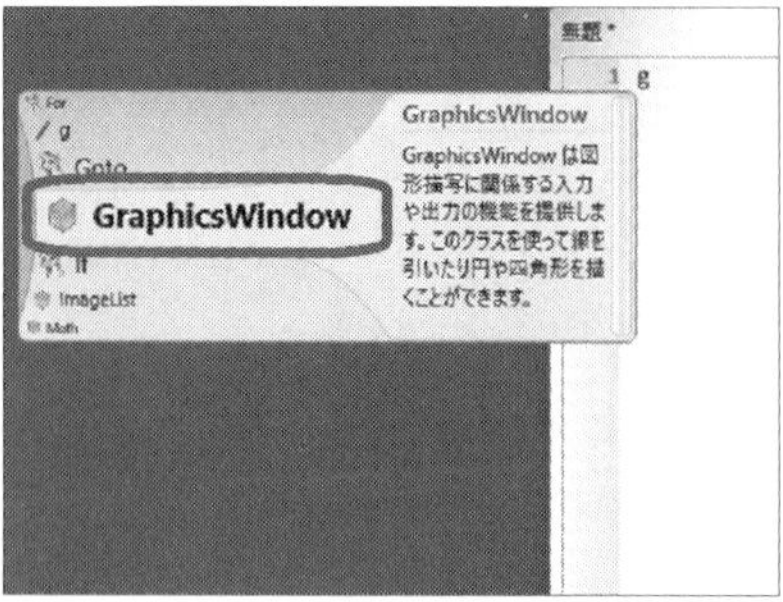

方向キーの下を押すか、マウスのホイールを下に回して「GraphicsWindow」という単語を探します。

④ピリオドを入力

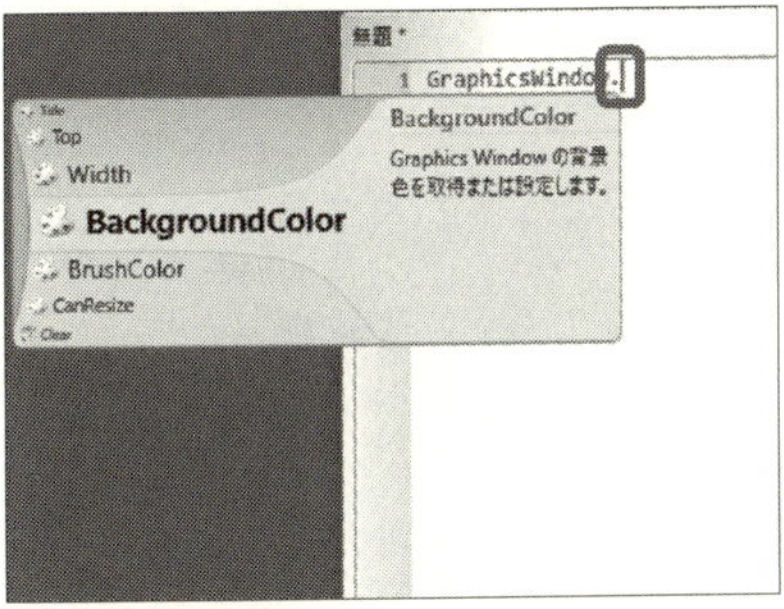

“GraphicsWindow”が見つかったら「.」（ピリオド）を入力します。通常のキーボードなら半角英数モードで、右下にある「る」のキーを押せば入力できます。

⑤「Show」という単語を探す

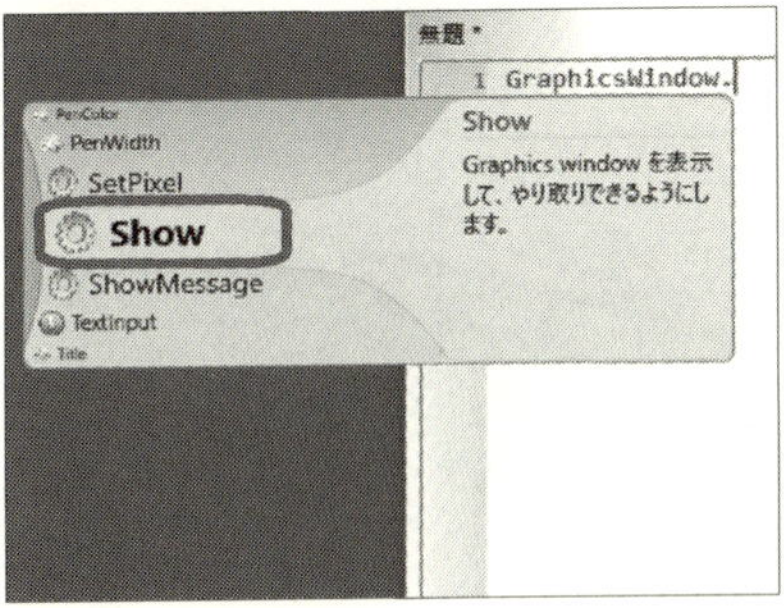

左側に今度は「BackgroundColor」と出てくるので、上方向にある「Show」という単語を探しましょう。

⑥「Enter」キーを押す

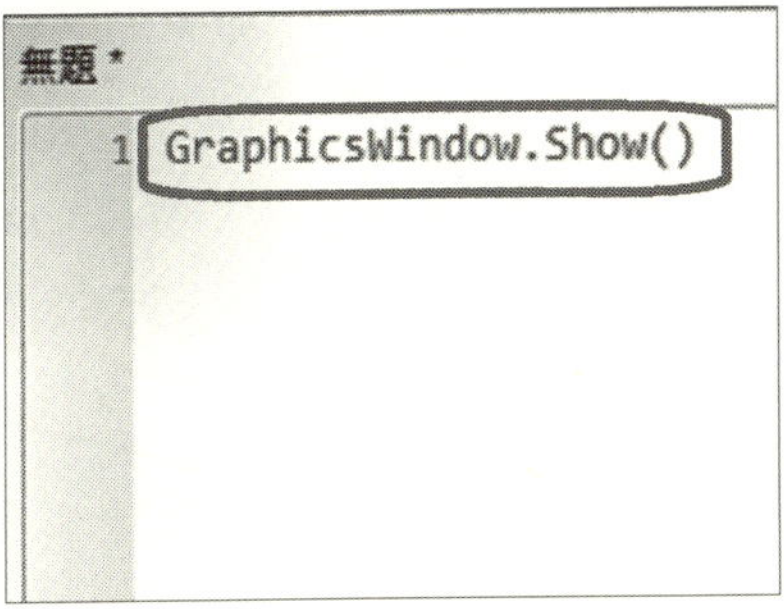

「Show」を選んだ状態で「Enter」キーを押すと、入力部分に「GraphicsWindow.Show()」というプログラム文が完成します。

⑦画面右上の実行ボタンを押す

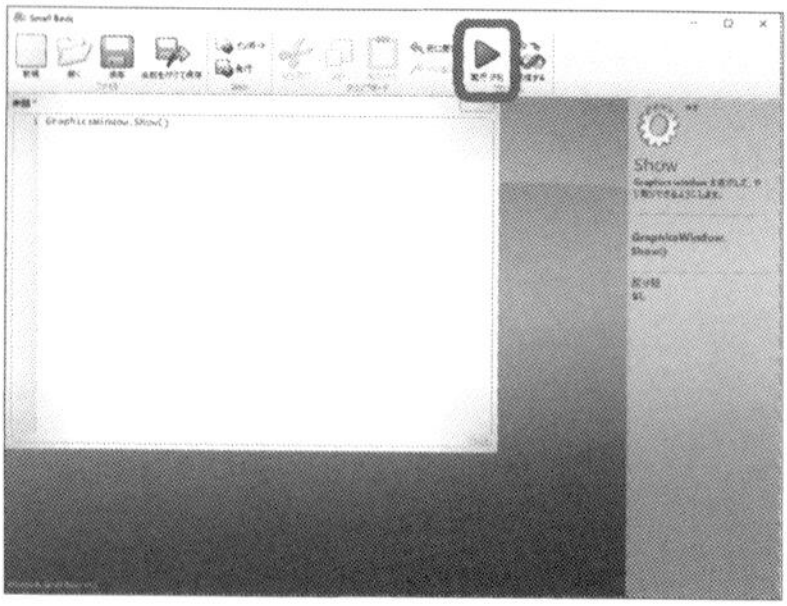

「プログラム文になぜ () が必要なの？」といった疑問はひとまず置いて、画面右上の「実行」ボタンをクリックしてみましょう。

⑧白いウインドウが現れる

パソコン画面にこのような白いウインドウが、新しく現れれば成功！ 失敗した時の方法は、⑬で説明します。

⑨ウインドウを閉じる

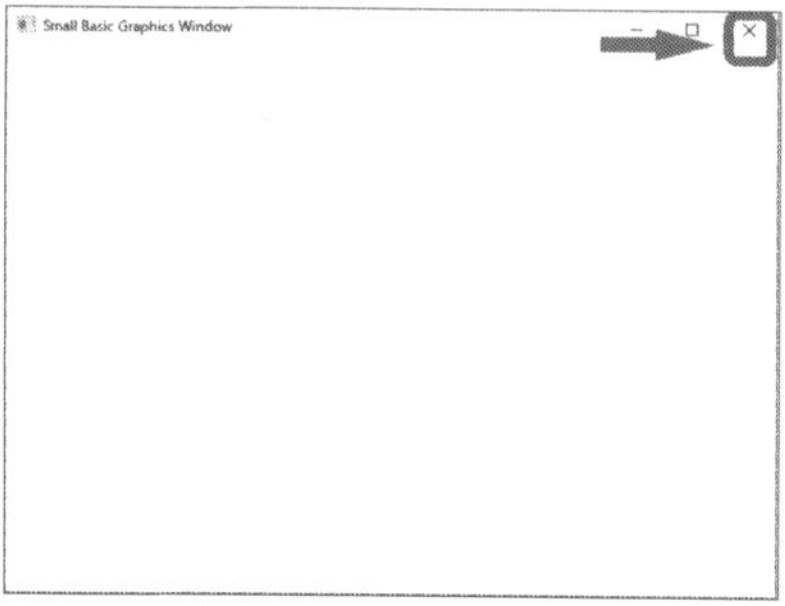

現れたウインドウは、右上の「×」ボタンで閉じてしまって大丈夫。操作の気軽さも Small Basic の魅力です。

⑩入力画面に戻る

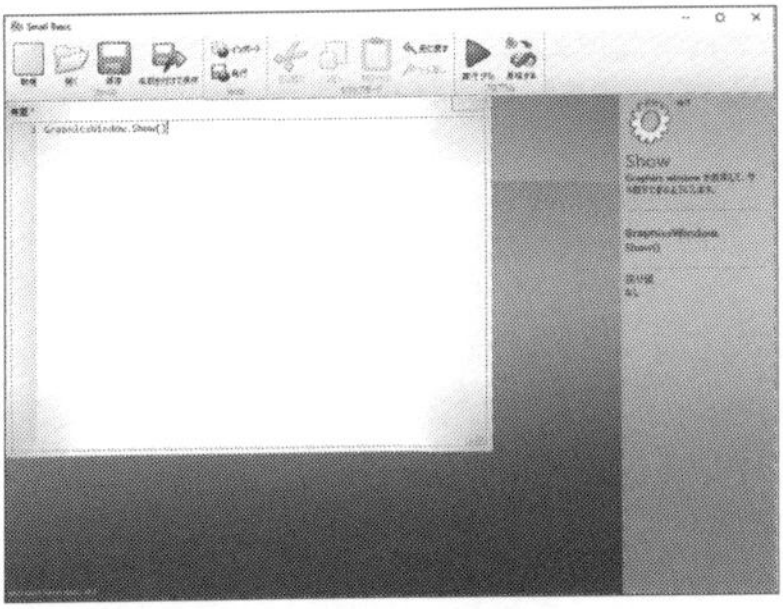

ウインドウを閉じれば、自動的に入力画面に戻ります。

⑪案内画面は無視してOK

白いウインドウの下に、このような画面も出てきて気になった方もいるでしょう。単なる案内画面なので無視してOKです。白いウインドウを閉じれば一緒に消えます。

⑫案内画面をさわってしまったら

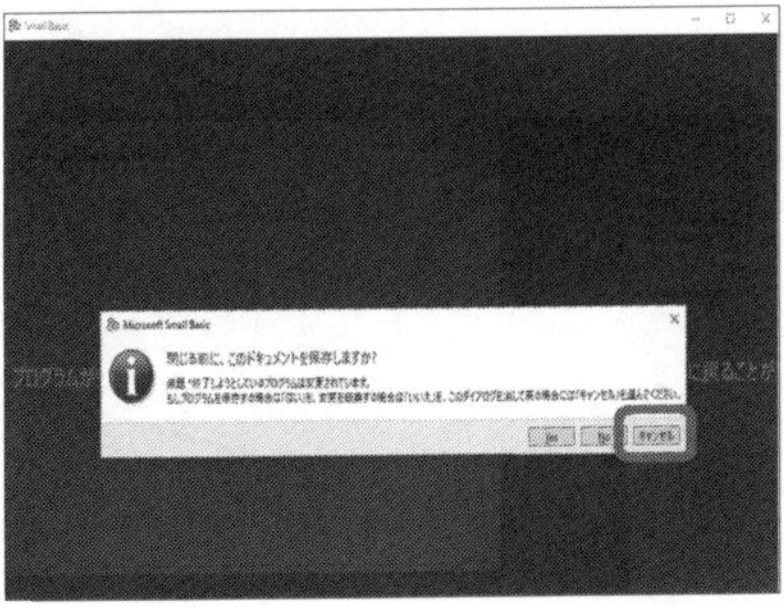

案内画面を閉じようとすると、このような注意が現れるのでキャンセルします。間違って閉じてしまったら一度全て終わらせて、再びSmall Basicを起動しましょう。

⑬白いウインドウが現れない時は

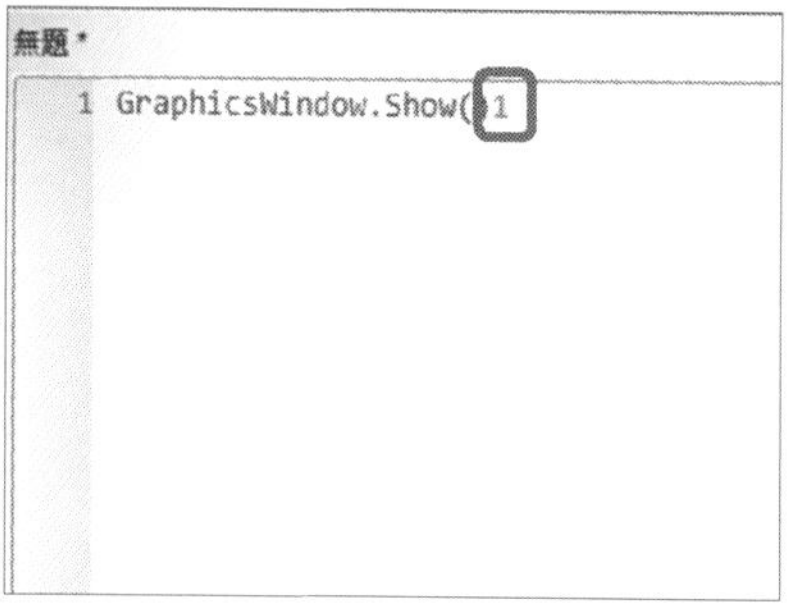

プログラムが動かない時は入力文のどこかが不足か、余計だった可能性があります。上手くいった方も試しに「Show()」の後へ、数字の1など加え右上の「実行」をクリックしてみましょう。

⑭エラーメッセージが出てきたら

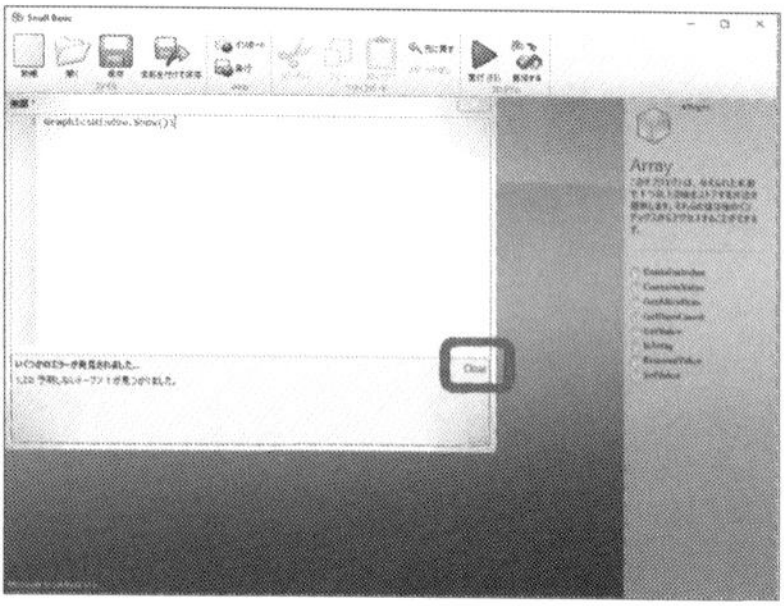

入力文が間違っている時、画面下にエラーメッセージが表示されます。最初はメッセージの意味もよくわからないと思うので、「close」をクリックして閉じましょう。

⑮入力文をわざと不足させてみる

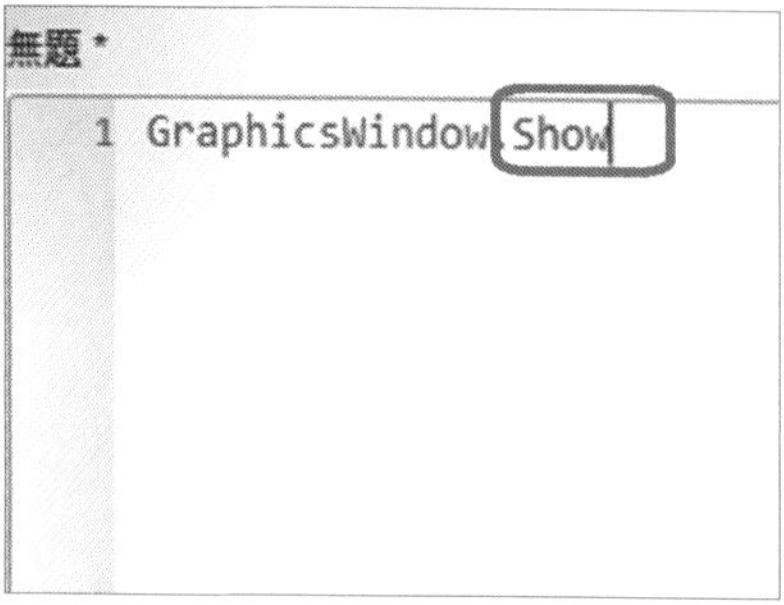

今度は「Show」の後の「()」と「1」を消して、「GraphicsWindow.Show」という状態で「実行」をクリックしてみます。

⑯前とは違うエラーメッセージが表示される

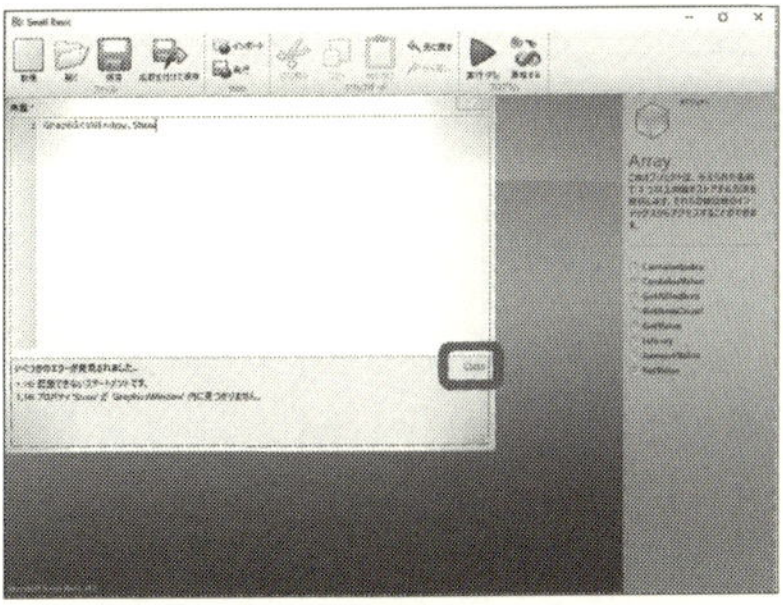

さっきとは違うエラーメッセージが表示されました。意味はともかく「Show」には「()」が必要なことがわかります。右下の「close」をクリックしてエラーを閉じます。

⑰いったん入力画面を終了させる

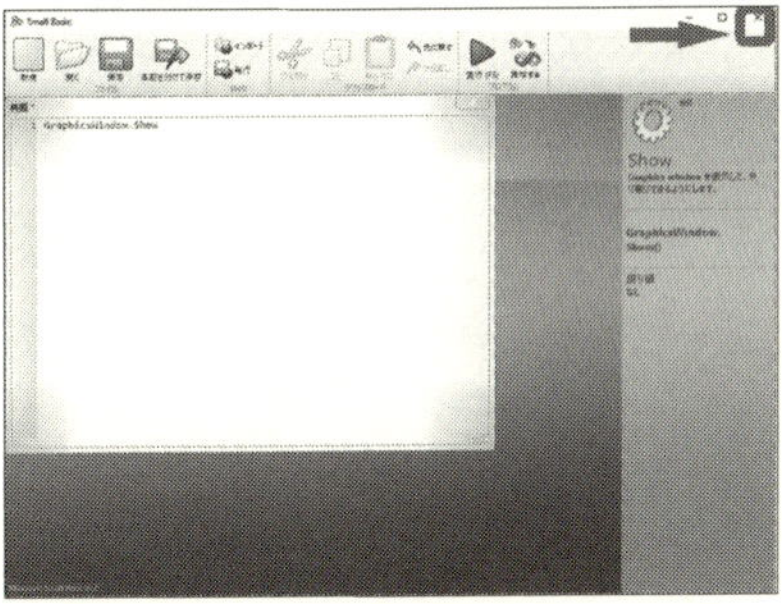

何となく操作方法がわかったところで、画面右上の「×」ボタンをクリックしていったん終了させます。

⑱保存しないで終わる

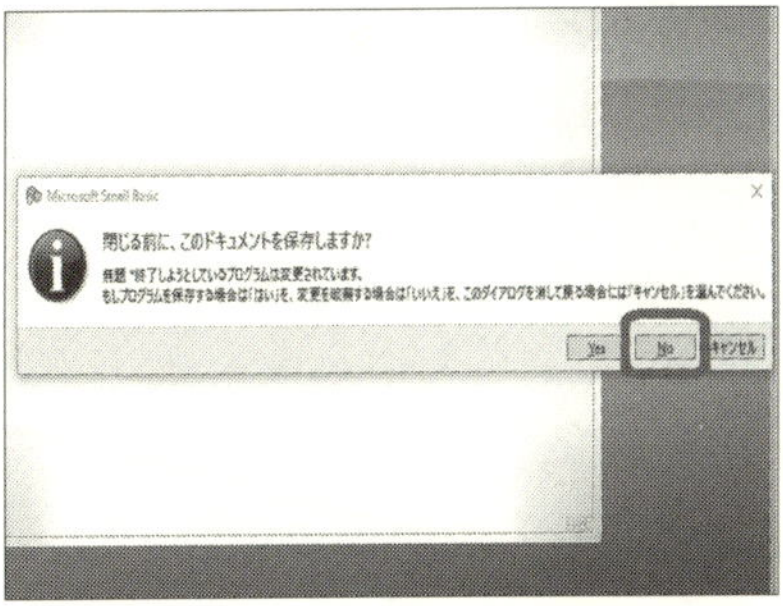

ここまで入力した文を今は保存する必要がないので、「No」をクリックして終わらせます。次ページから、実際にプログラムを書いて動かしてみます。

プログラミングをいざ実践！

1．ウインドウに色を付け、タイトルを入れよう

ここまでの理解は「なんとなく」でOKなので、どんどん入力して慣れていきましょう。

先ほど練習でやった入力文に少しだけ手を加え、実行した結果が上の画面。真っ白だったウインドウに色が付き、左上に「カメさんお散歩」というタイトルが追加されました。

入力画面の操作を忘れてしまっても、左のページで復習しながら進めるので大丈夫。すぐに感覚をつかめます。

①再びSmall Basicを立ち上げる

先ほどSmal lBasicをいったん終わらせたので、再びアイコンをクリックして立ち上げます。

②入力画面に「g」と打つ

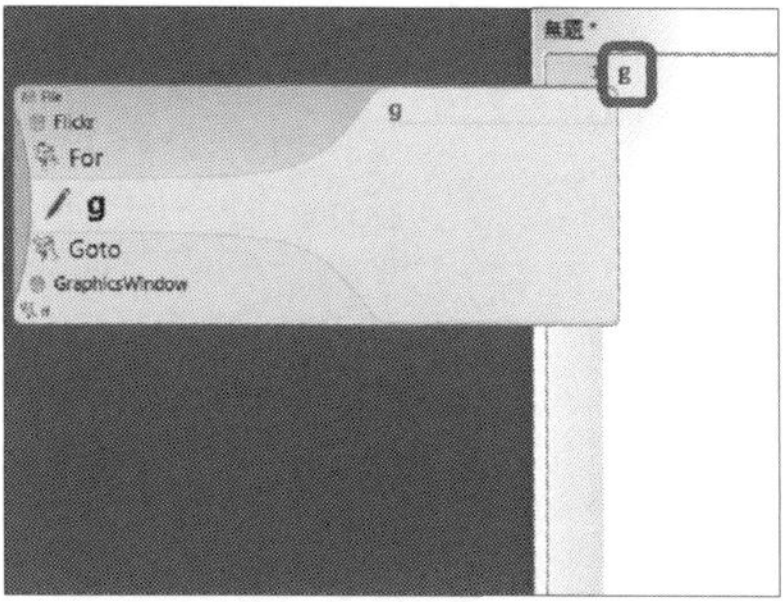

練習と同様、まず入力画面に「g」と打ちます。

③「GraphicsWindow」を選ぶ

これも同じように「GraphicsWindow」を選びます。予測入力に慣れるまで少し時間はかかりますが、覚えてしまえばプログラムがスムーズに書けるので便利です。

④ピリオドを入力

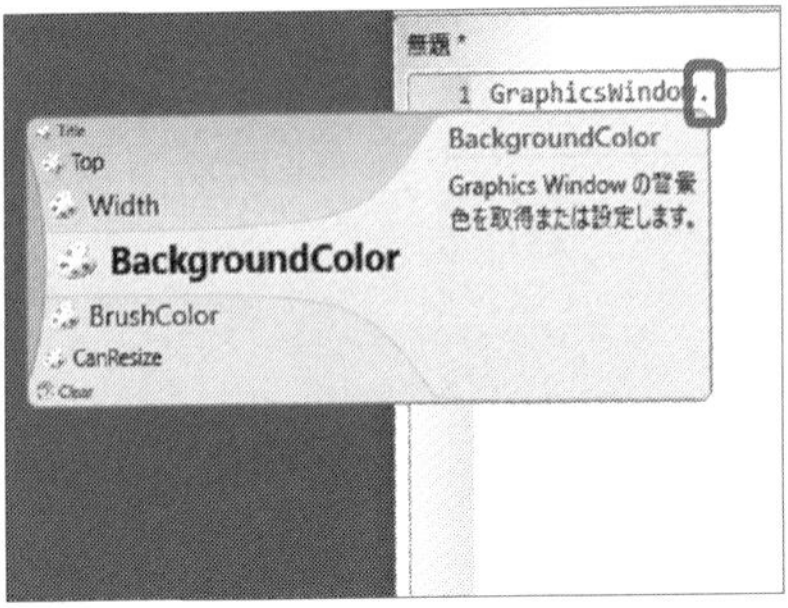

「GraphicsWindow」を選んだら、ピリオドを入力します。

⑤「Title」を選び「Enter」キーを押す

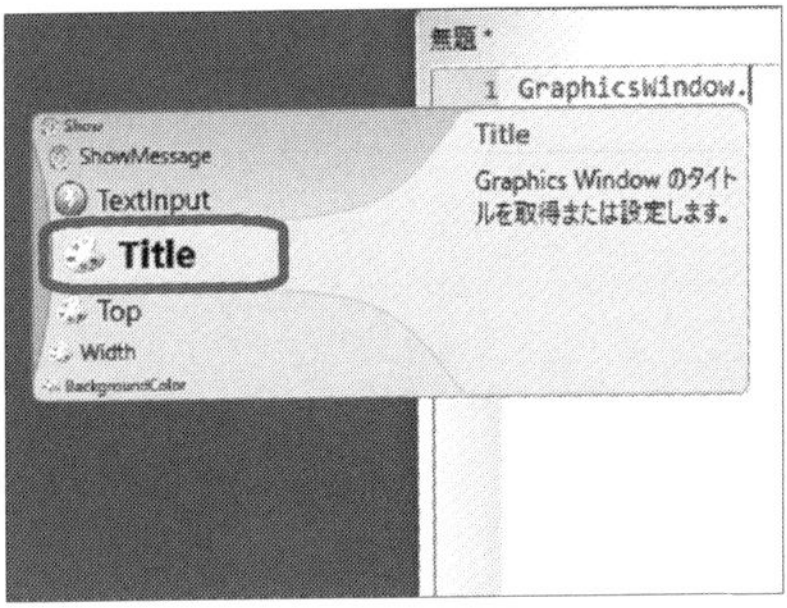

さらに表示された予測入力から、今度は「Title」を選択し「Enter」キーを押します。
その結果、画面には「Graphics Window.Titile」と入力されます。

⑥「Title」の後に記号を入力する

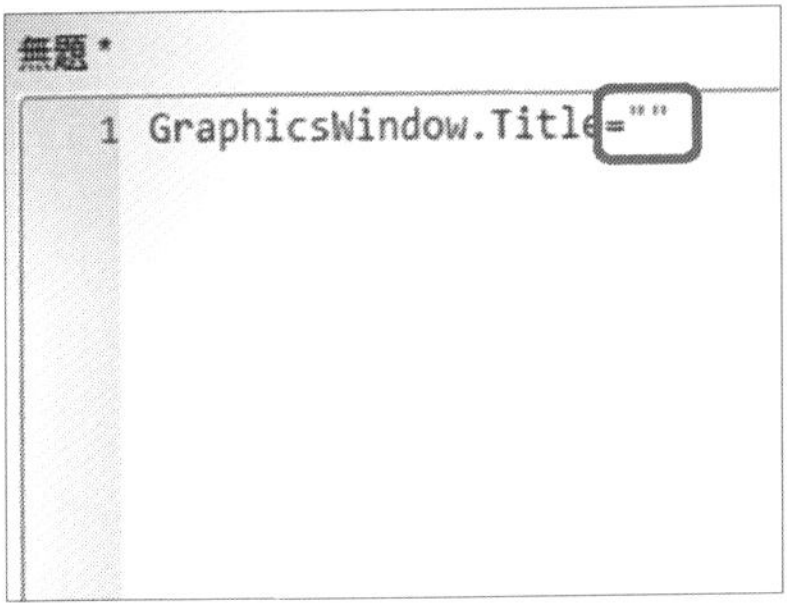

引き続き後ろに「=""」と、入力しましょう。半角英数でシフトキーを押しながら、キーボードの上の方にある「ほ」「ふ」「ふ」を押せば入力できます。

⑦「カメさんお散歩」と入力する

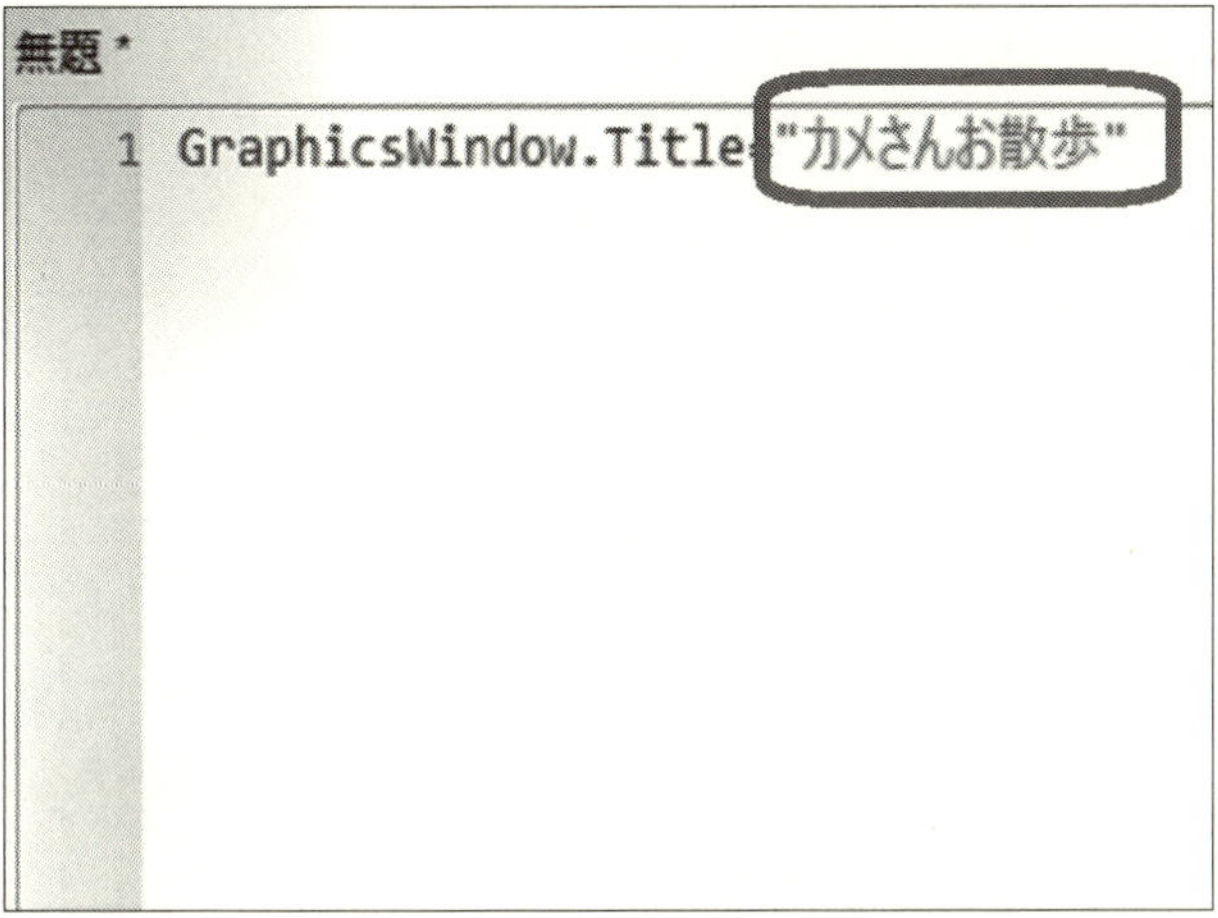

ひらがな入力モード（半角／全角キーか、変換キーを押して切り替える）にして、「""」の間に「カメさんお散歩」と入力します。

⑧ひらがなが入力できない時は

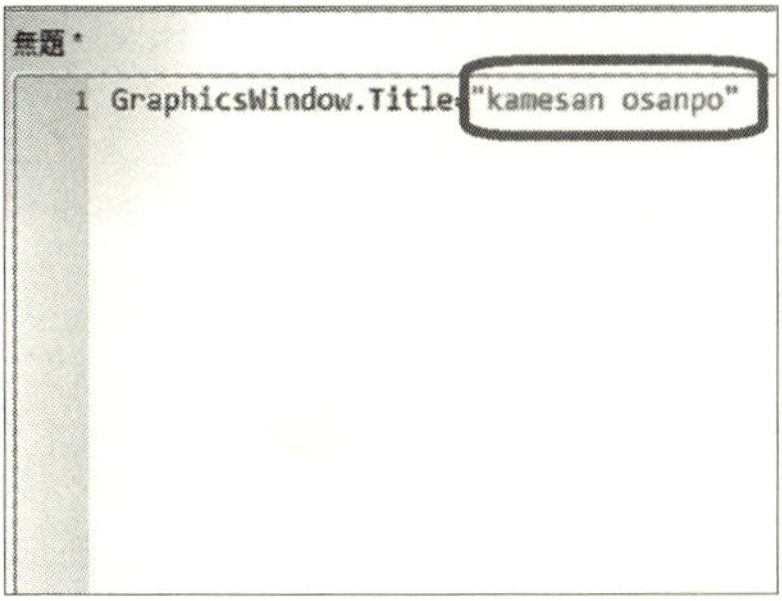

Small Basic で、ひらがなが入力できない時がたまにあります。そんな場合はタイトルを「kamesan osanpo」といったローマ字にしても問題ありません。

⑨改行して再び「GraphicsWindow」を入力する

「Enter」キーを押して改行し、再び同じやり方で「GraphicsWindow」を入力します。

⑩「Width」を選択し「Enter」キーを押す

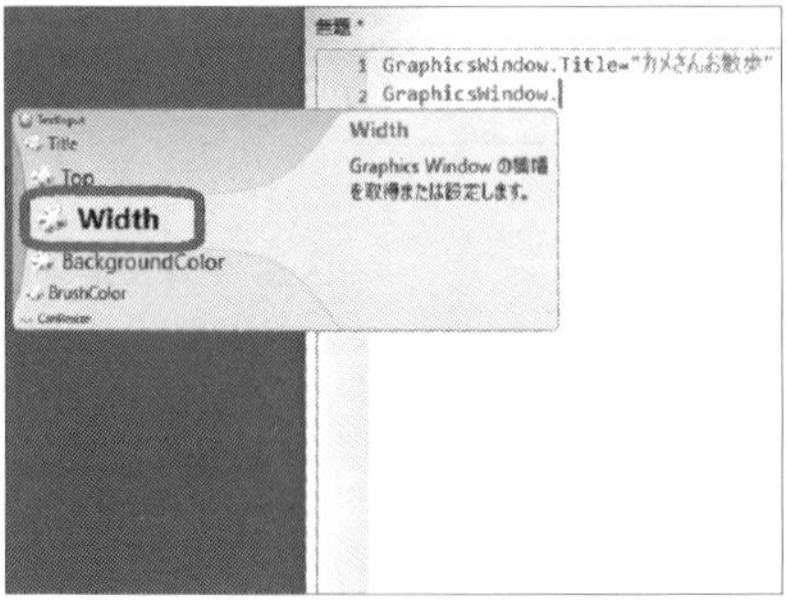

ピリオドを入力し、現れたウインドウから「Width」を選択し「Enter」キーを押します。

⑪「=800」と入力する

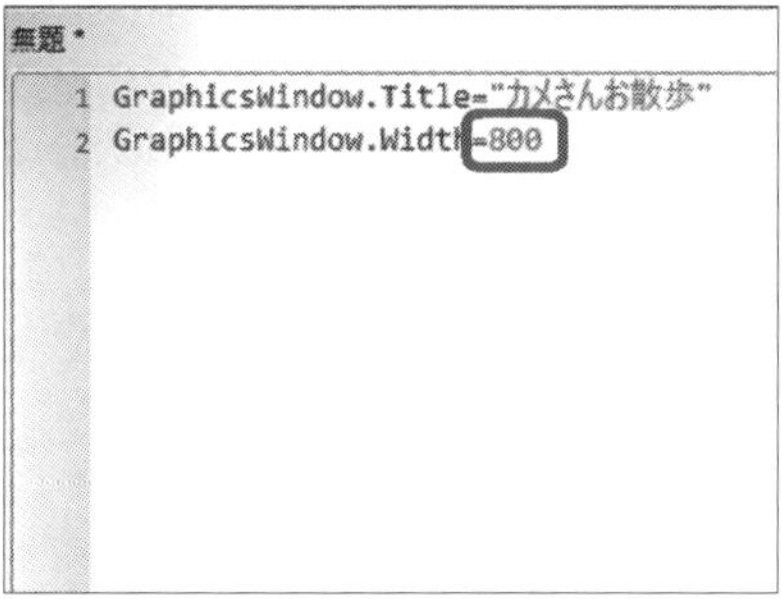

「Width」の後に半角英数で「=800」と入力します。

⑫「GraphicsWindow.Height」を入力する

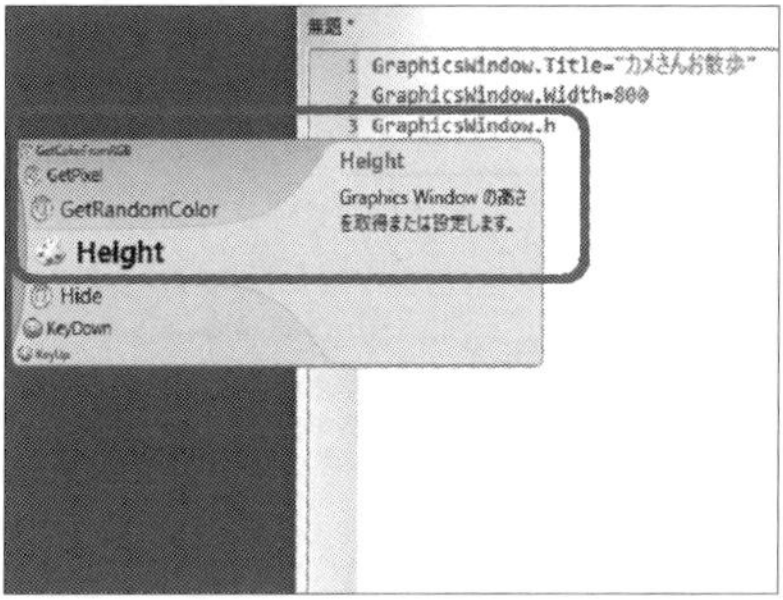

改行して同様に「GraphicsWindow.Height」と入力し「Enter」キーを押します。

⑬「=600」と入力する

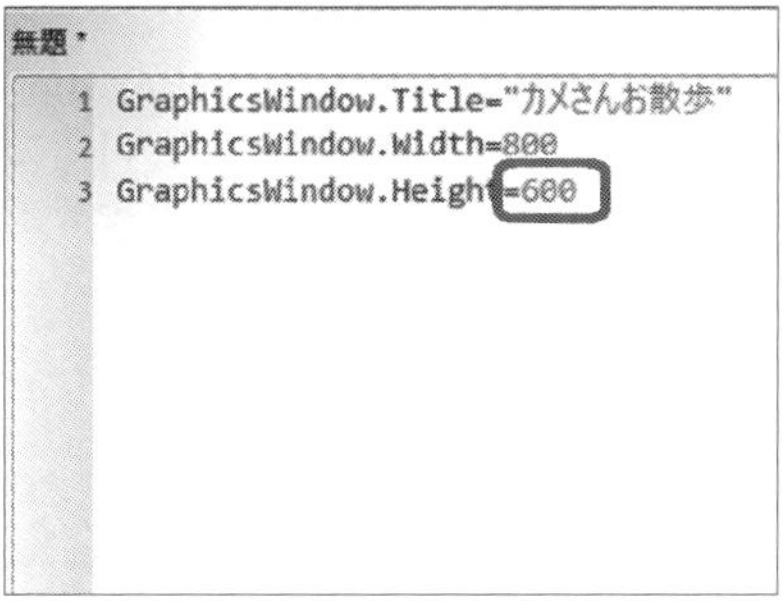

「Height」の後に半角英数で「=600」と入力します。

⑭「GraphicsWindow.BackgroundColor」を入力する

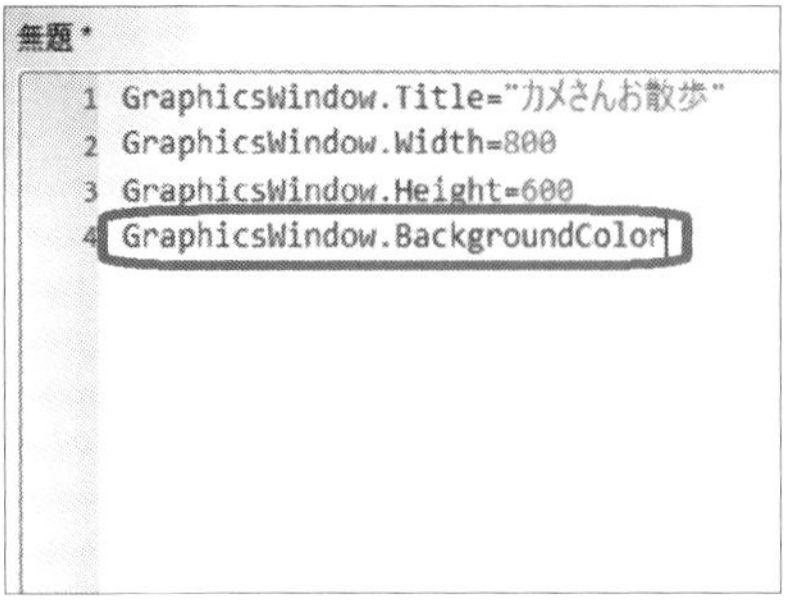

改行して「GraphicsWindow.BackgroundColor」と入力し、エンターキーを押します。あと少しでプログラムを実行できます。

⑮「="cyan"」と入力する

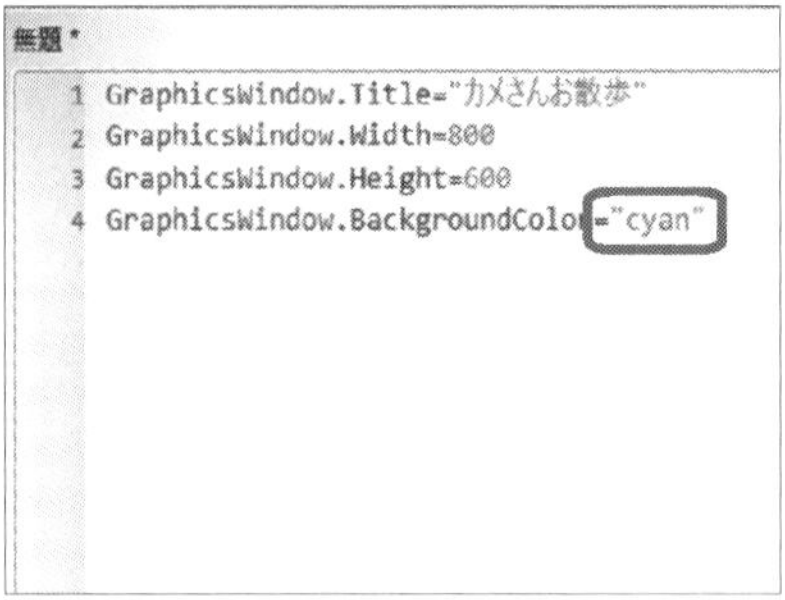

「BackgroundColor」の後に「="cyan"」と入力します。ここはスペル間違いに気をつけましょう。cyanの前後に""がないと、エラーになってしまいますので、要注意。

⑯「GraphicsWindow.Show」を入力する

改行して「GraphicsWindow.Show」と入力し、エンターキーを押します。

⑰画面の「実行」ボタンを押す

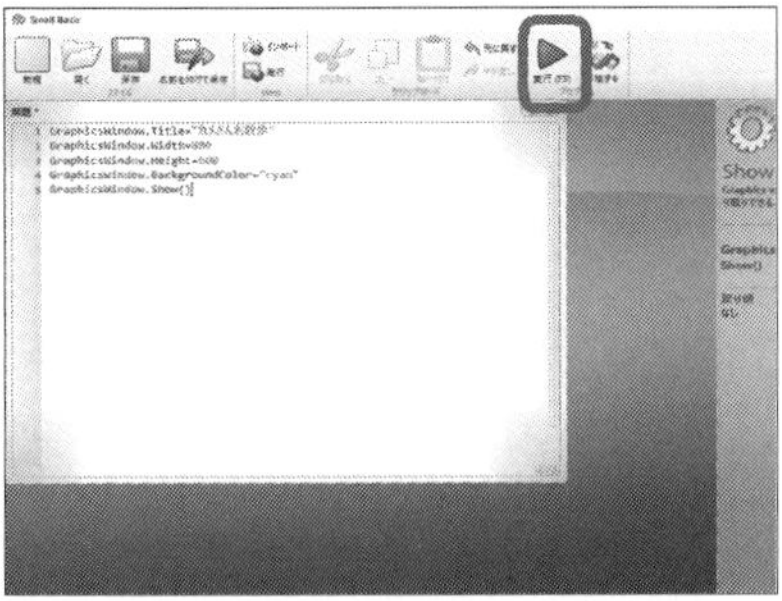

いよいよプログラムが動かせるようになりました。画面右上の「実行」ボタンをクリックして、確かめてみてください。

⑱水色のウインドウが表示される

水色のウインドウが表示されたでしょうか？ エラーになったり縦横のバランスが違う時は、書いたプログラム文とサンプルをよく見比べてみましょう。

⑲黒いウインドウが表示された時は

ウインドウの色が黒だった時は、「BackgroundColor」の「"cyan"」のスペルが違っている可能性があります。黒くても動きますが、直しておきましょう。

2. 画面に文字を表示させよう

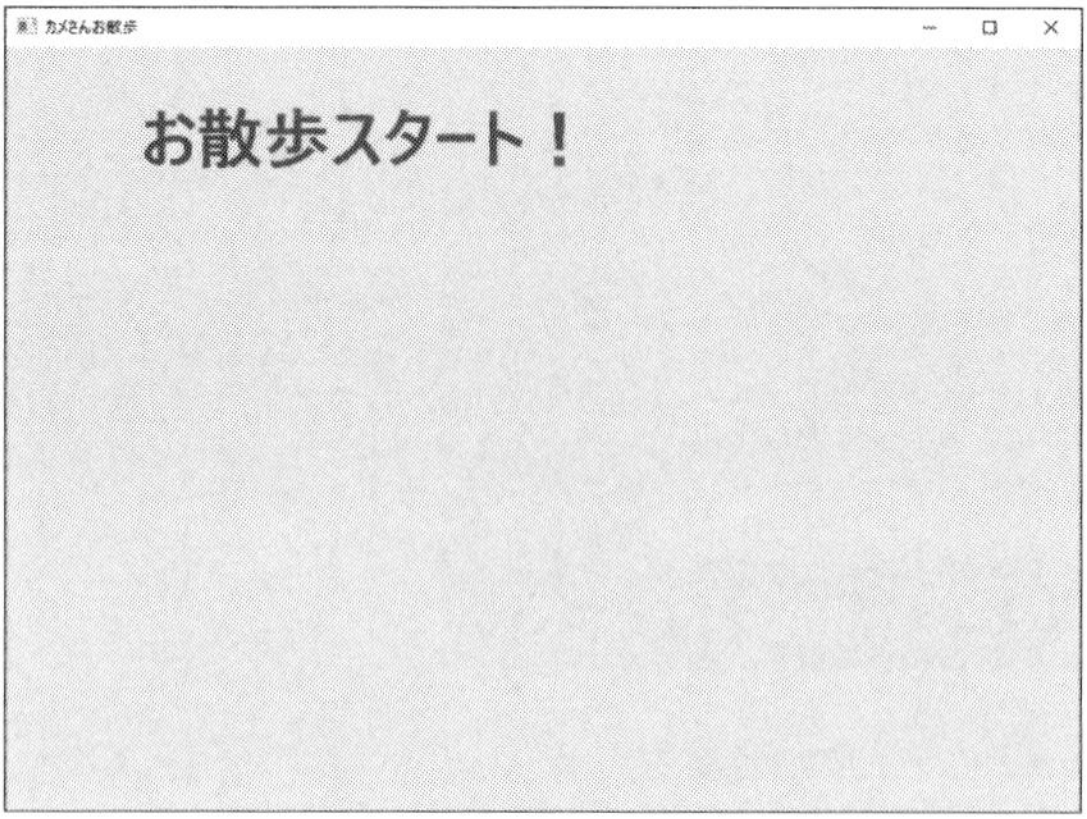

文字や図形を扱えば、いよいよプログラムを動かしている実感がわいてきます。

先ほど作った水色のウインドウに、上の画面のような文字を表示させてみましょう。

気になるプログラム文の入力は、わずか2行でOK。引き続きSmall Basicの操作方法とともに、解説していきます。

①水色のウインドウを閉じる

表示されている水色のウインドウを閉じ、プログラム入力画面に戻りましょう。

②改行し「g」を入力する

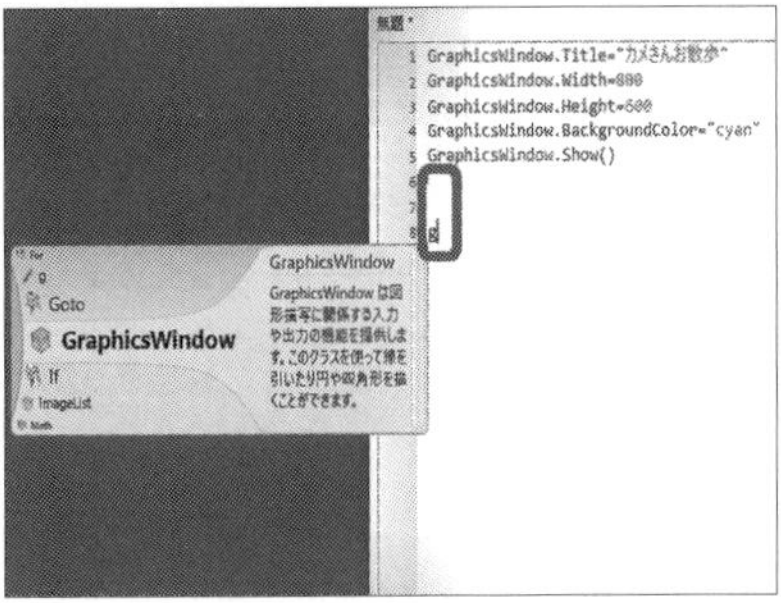

ある程度の区切りで空白の行を作ると、プログラム文が読みやすくなります（何行空けても実行結果は変わりません）。新しい区切りにまた「g」を入力します。

③「GraphicsWindow.FontSize」を入力する

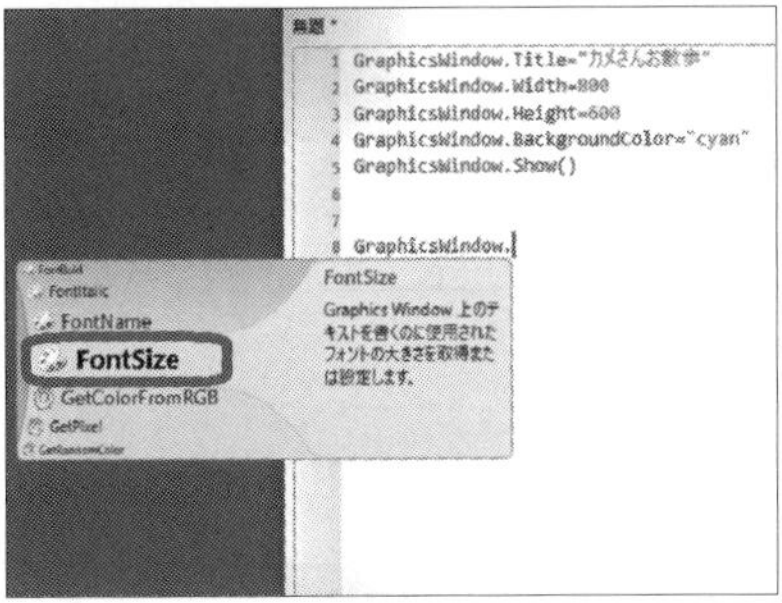

「GraphicsWindow」を選択してピリオドを入力し、続いて「FontSize」を選んで「Enter」キーを押します。

④「FontSize」の後に「=50」と入力する

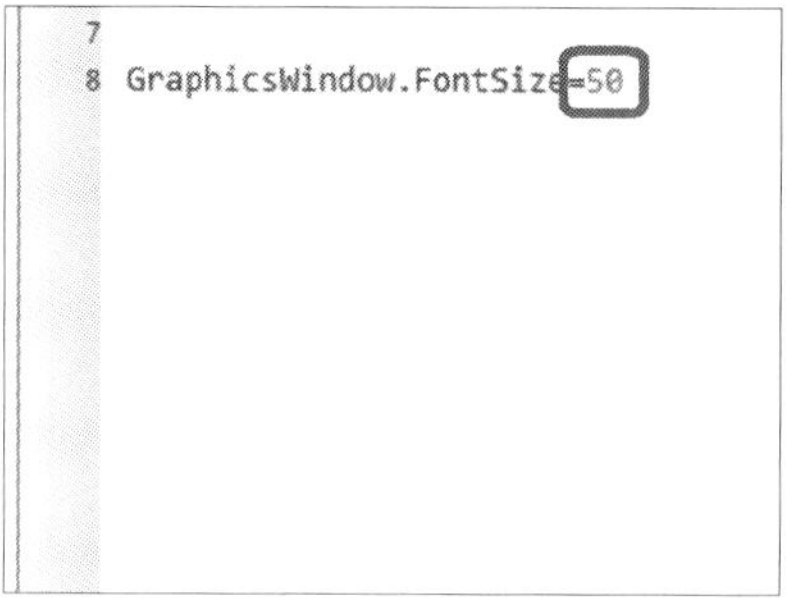

「FontSize」の後に「=50」と入力します。

⑤「GraphicsWindow.DrawText」を入力する

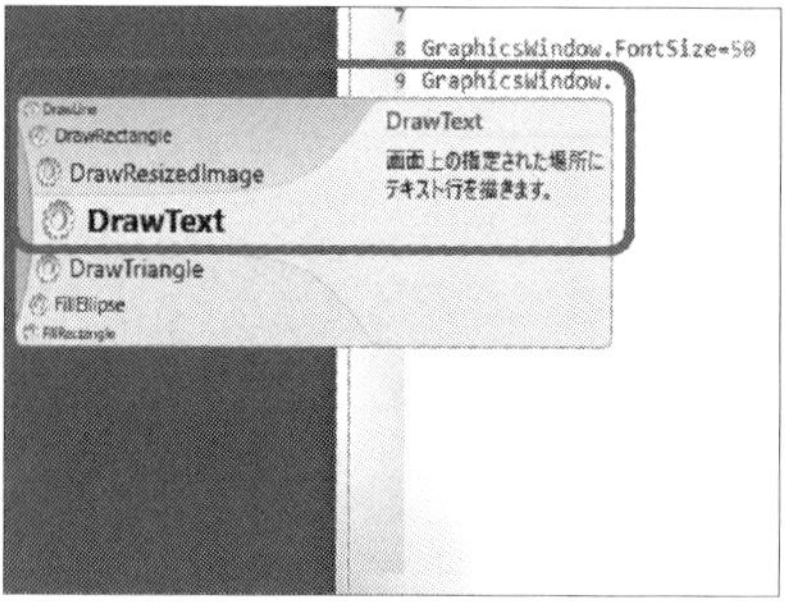

改行して「GraphicsWindow」に続き「DrawText」を選択します。

⑥「(100)」を入力する

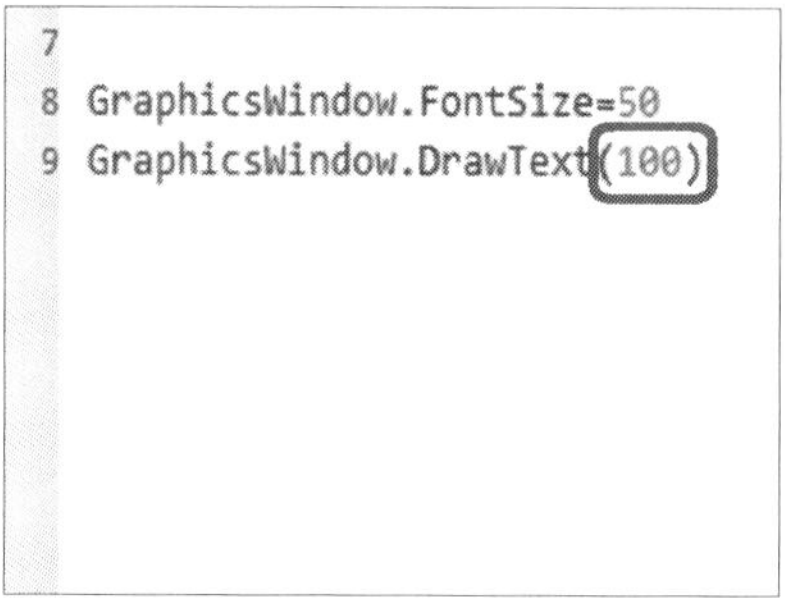

「DrawText」の後に半角英数で「(100)」と入力します。

⑦続けて「,40,」と入力する

```

GraphicsWindow.FontSize=50
GraphicsWindow.DrawText(100,40,
```

「100」に続いて半角英数で「,40,」と入力します。「,」はキーボードの下のほうにある「ね」を押せば入力できます。

⑧「" お散歩スタート！ "」と入力する

```

GraphicsWindow.FontSize=50
GraphicsWindow.DrawText(100,40"お散歩スタート！"
```

「100,40,」に続いて「" お散歩スタート！ "」と入力します。「"」は半角英数でキーボード左上の「ふ」を押せば入力できます。

⑨ひらがなが入力できない時は

```

GraphicsWindow.FontSize=50
GraphicsWindow.DrawText(100,40"osanpo start！"
```

ひらがなで「お散歩スタート！」と入力できない時は、半角英数で「osanpo start!」などとしても問題ありません。

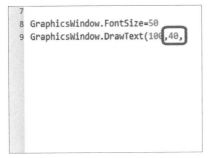

⑩「実行」ボタンを押してウインドウの表示を確認

ここまで入力できたら、「実行」ボタンをクリックしましょう。ウインドウと文字がこのように表示されれば成功。右上の「×」ボタンをクリックして閉じます。

⑪エラーで実行できない時は

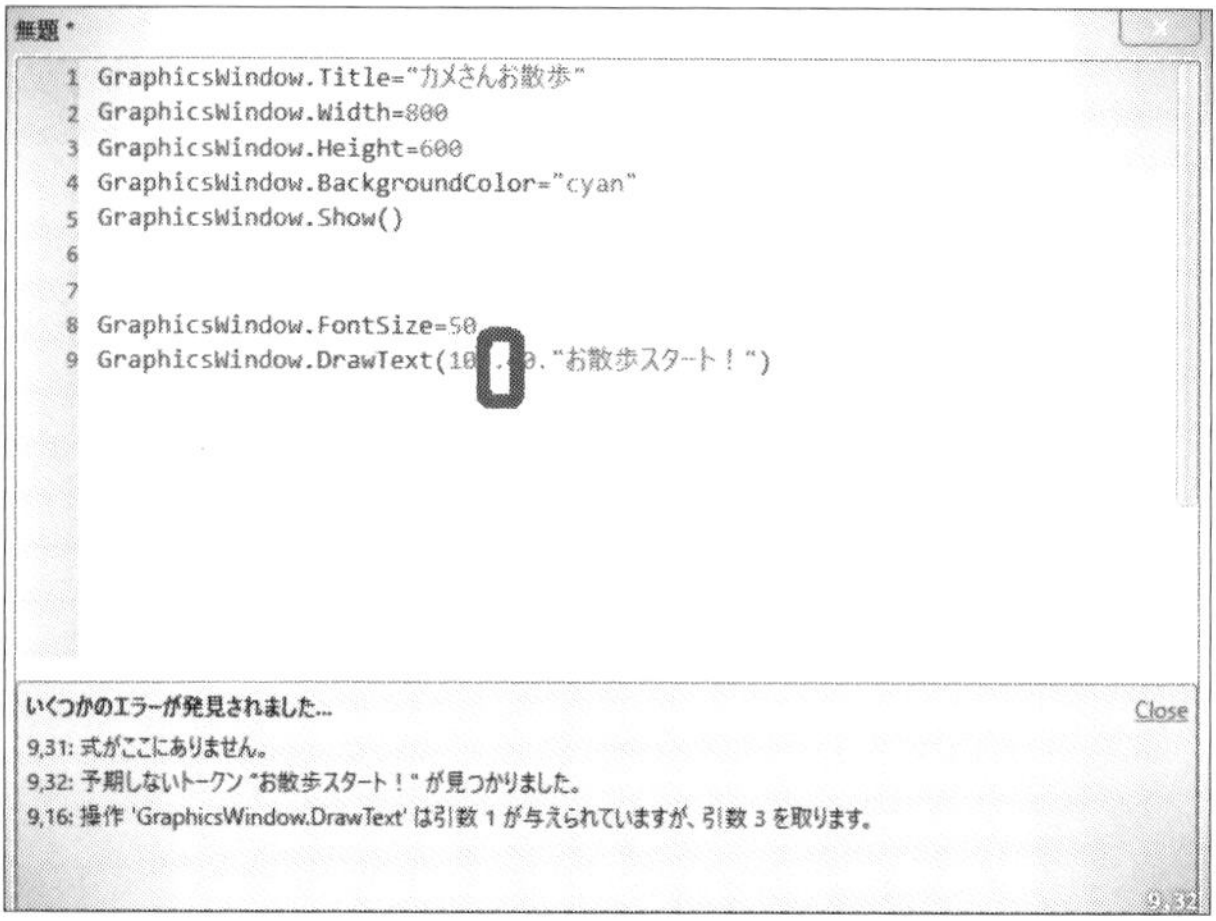

エラーが出た時に考えられる原因は、「,」(カンマ)ではなく「.」(ピリオド)を打ってしまったなど。キーボードの並びも隣なので注意しましょう。

⑫文字が大きすぎる時は

「FontSize」を50ではなく500とした時の実行結果。数字が正しく指定されているか確認しましょう。

⑬文字が表示されない時は

「DrawText（100, 40,…）」の100を1000とした時の実行結果。横方向の表示位置を示す数字が大きすぎて、画面から見えなくなってしまいました。

⑭文字の位置がずれる時は

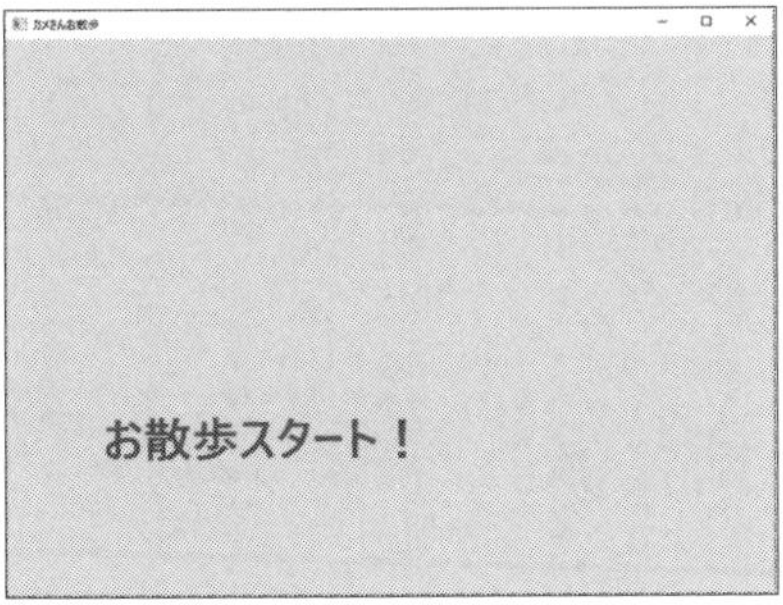

「DrawText（100, 40,…）」の40を400とした時の実行結果。縦方向の表示位置を示す数字が大きく、下方向にずれています。

3. 文字の上下に線を引こう

```
GraphicsWindow.PenWidth=10
GraphicsWindow.PenColor="red"
GraphicsWindow.DrawLine(100,30,450,30)
GraphicsWindow.PenWidth=20
GraphicsWindow.PenColor="blue"
GraphicsWindow.DrawLine(100,120,450,120)
```

傍線①……「PenWidth」は線の太さを、数字で指定します。
傍線②……「PenColor」は線の色を、英単語で指定します。
傍線③……「DrawLine」で線を引く時、( ) 内にある 4 つの数字は以下の意味になります。
(横方向のスタート地点、縦方向のスタート地点、横方向のゴール地点 , 縦方向のゴール地点)

今度は上のようなプログラム文を、前ページまでのプログラミングに続けて、まとめて入力してみましょう。

内容は先ほど表示させた文字の上下に、2本の線を引くというもの。ペンの太さと色を指定してから、位置を決めて線を引くのが大まかな流れです。

なおアンダーラインの番号で細かい意味を説明していますが、読み飛ばしてしまっても問題ありません。まずはどんどんプログラムを書いて、動かしてみましょう！

①プログラムの実行結果

文字の上に細い赤線、文字の下に太い青線が引かれました。上手くいかない時は、下記のような原因が考えられます。

②エラーで実行できない時は

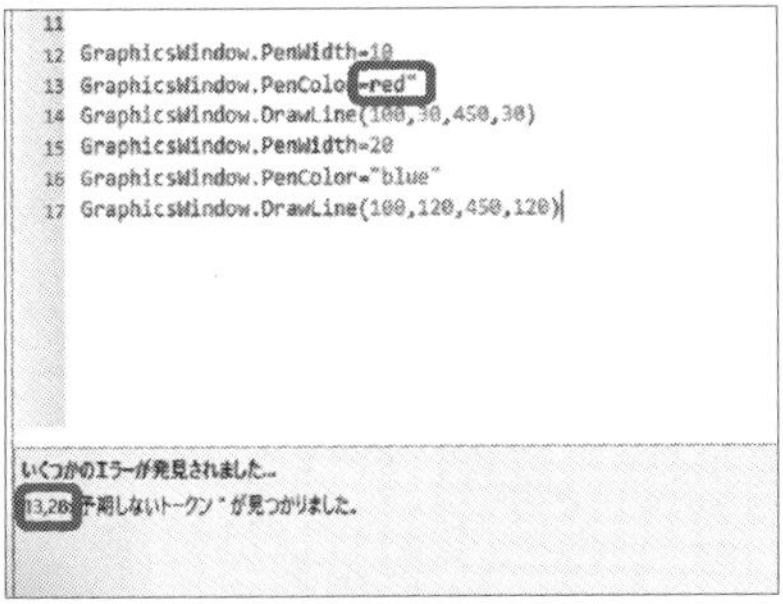

エラーメッセージ左にプログラムの間違っている箇所（例では13行28文字目）が表示されます。特に「"」「,」など記号の抜けや重複、半角全角の違いに注意しましょう。

③引かれた線が太すぎる時は

最初の「PenWidth」を10ではなく100で指定した時の実行結果。赤線が太くなりすぎて、文字が隠れてしまいました。

④指定と違う色で線が引かれた時は

「PenColor」の指定を"red"ではなく"led"など、スペル違いで入力した時、エラーにはなりませんが、該当色無しとして初期値の黒で線が引かれます。

⑤線の長さが違う時は

「DrawLine（100,30,450,30）」の最初の数字を、100ではなく10にした時の実行結果。横方向のスタート地点がずれて、長い線になります。

⑥線が斜めに引かれた時は

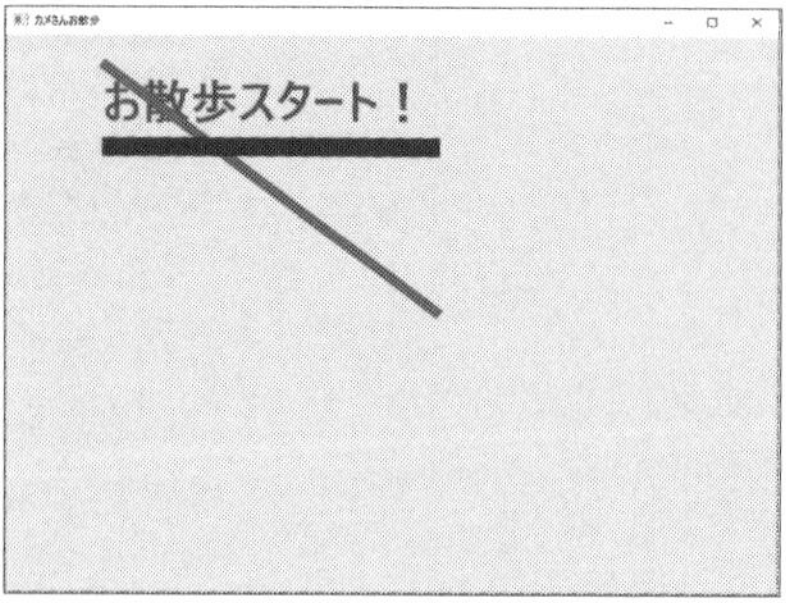

「DrawLine（100,30,450,30）」内の最後の数字を、30ではなく300にした時の実行結果。縦方向のゴール地点がずれて線が斜めに引かれます。

⑦ここまで書いたプログラム文を保存する手順

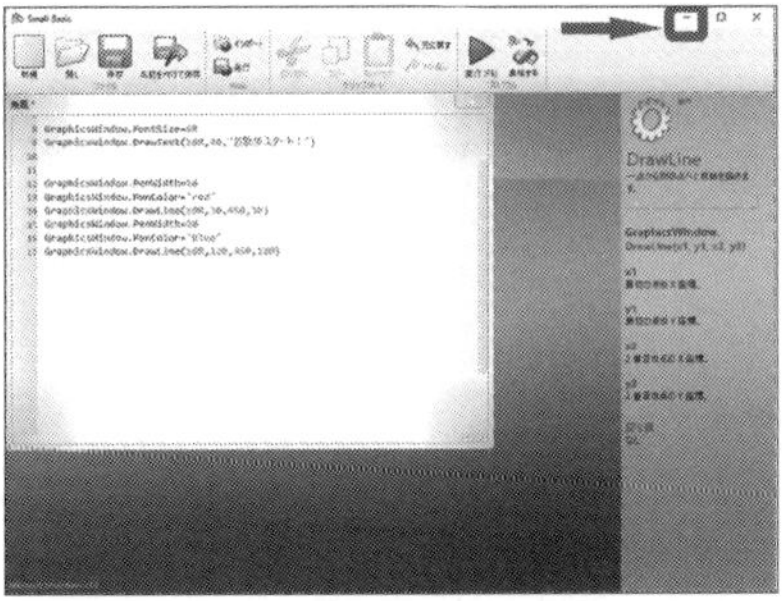

プログラムの実行結果が多少違っても、練習なら特に問題ありません。ここまで入力した文の保存先を作るため、まず画面を最小化しましょう。

⑧デスクトップで新規フォルダーを作成する

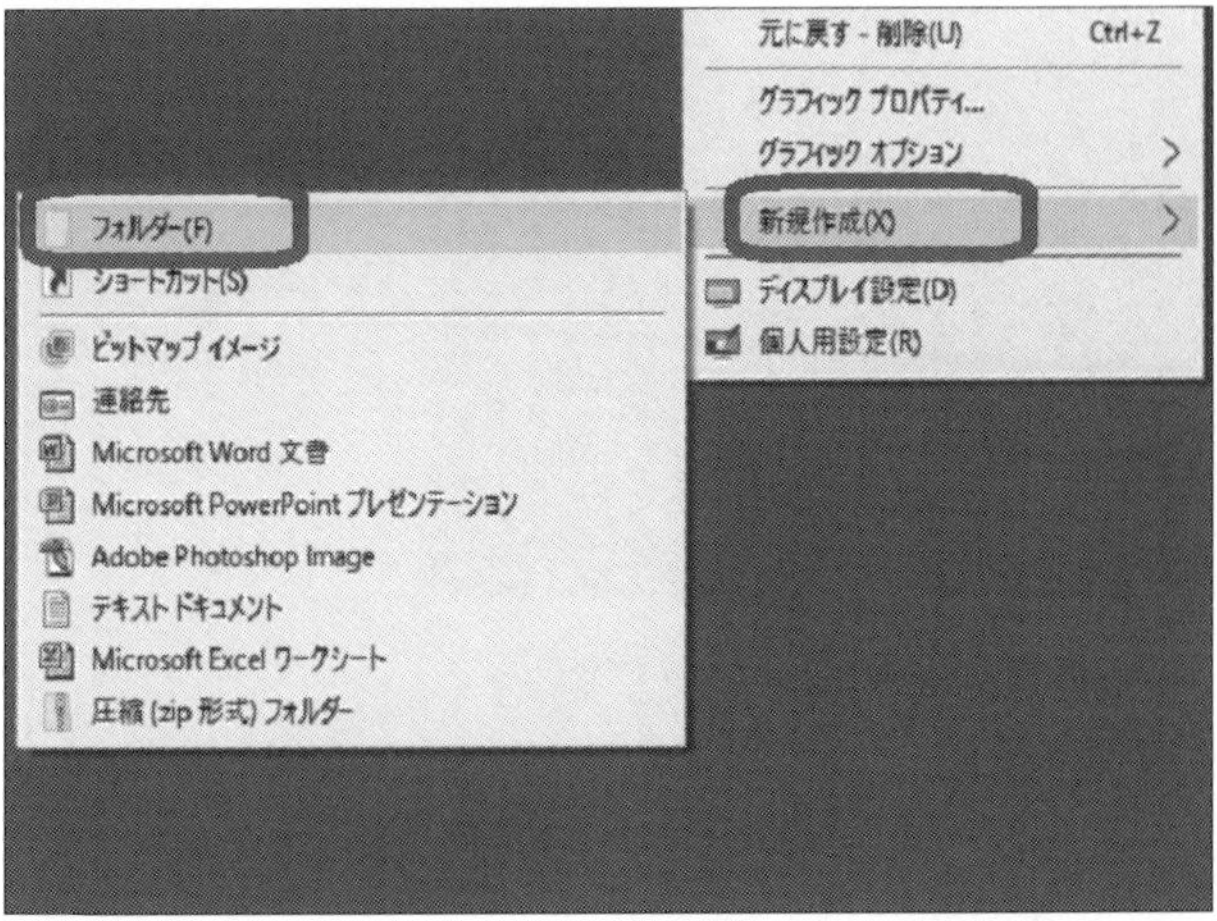

デスクトップの何もない場所で、マウスの右ボタンをクリック。現れたウインドウの「新規作成」を選んだ後「フォルダー」を選び、マウスの左ボタンをクリックします。

⑨フォルダーの名前を変更する

例としてフォルダー名を「プログラミング練習」に変更し、エンターキーで決定します。間違えた時はフォルダーをマウスで右クリックし、「名前の変更」から再入力可能です。

⑩ Small Basic 画面を呼び出す

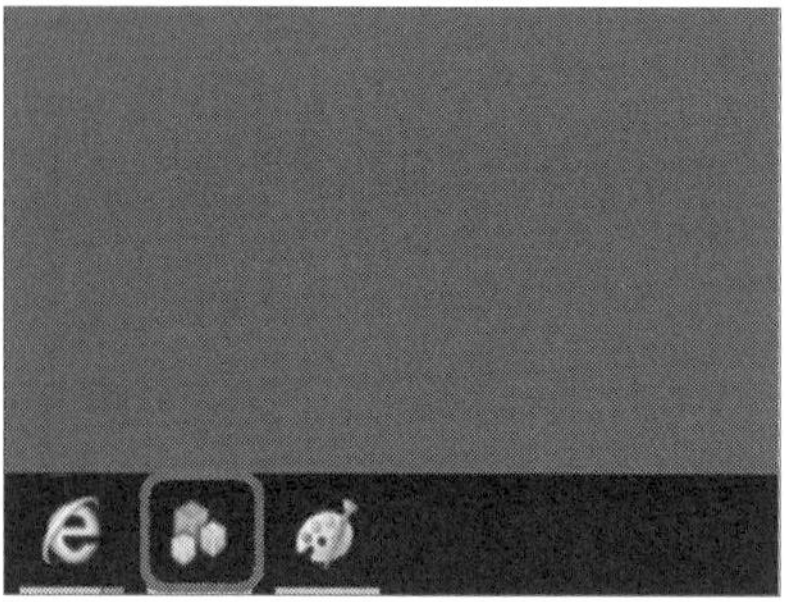

最小化していたSmall Basicを、パソコン画面下部のアイコン(デスクトップ上のアイコンではありません)をクリックして呼び出します。

⑪「名前を付けて保存」ボタンを押す

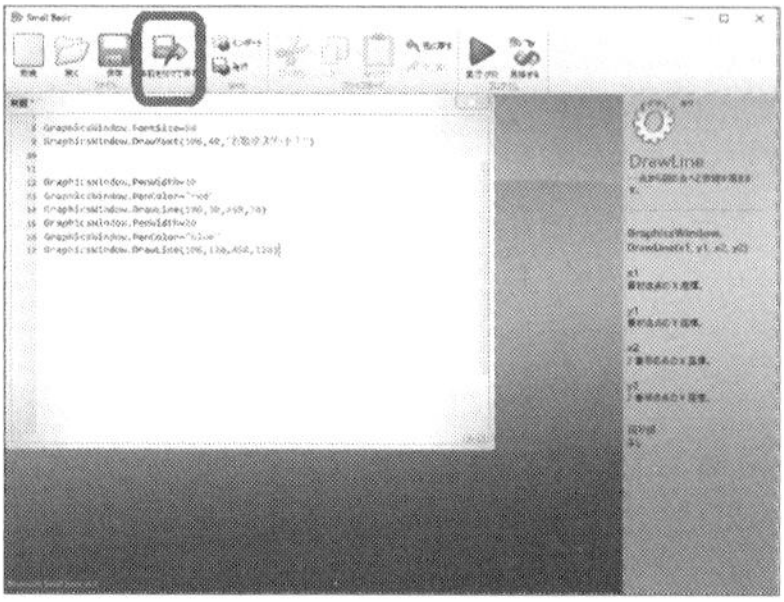

Small Basic 画面に戻ったら、上の方にある「名前を付けて保存」ボタンをクリックします。

⑫保存先を選ぶ

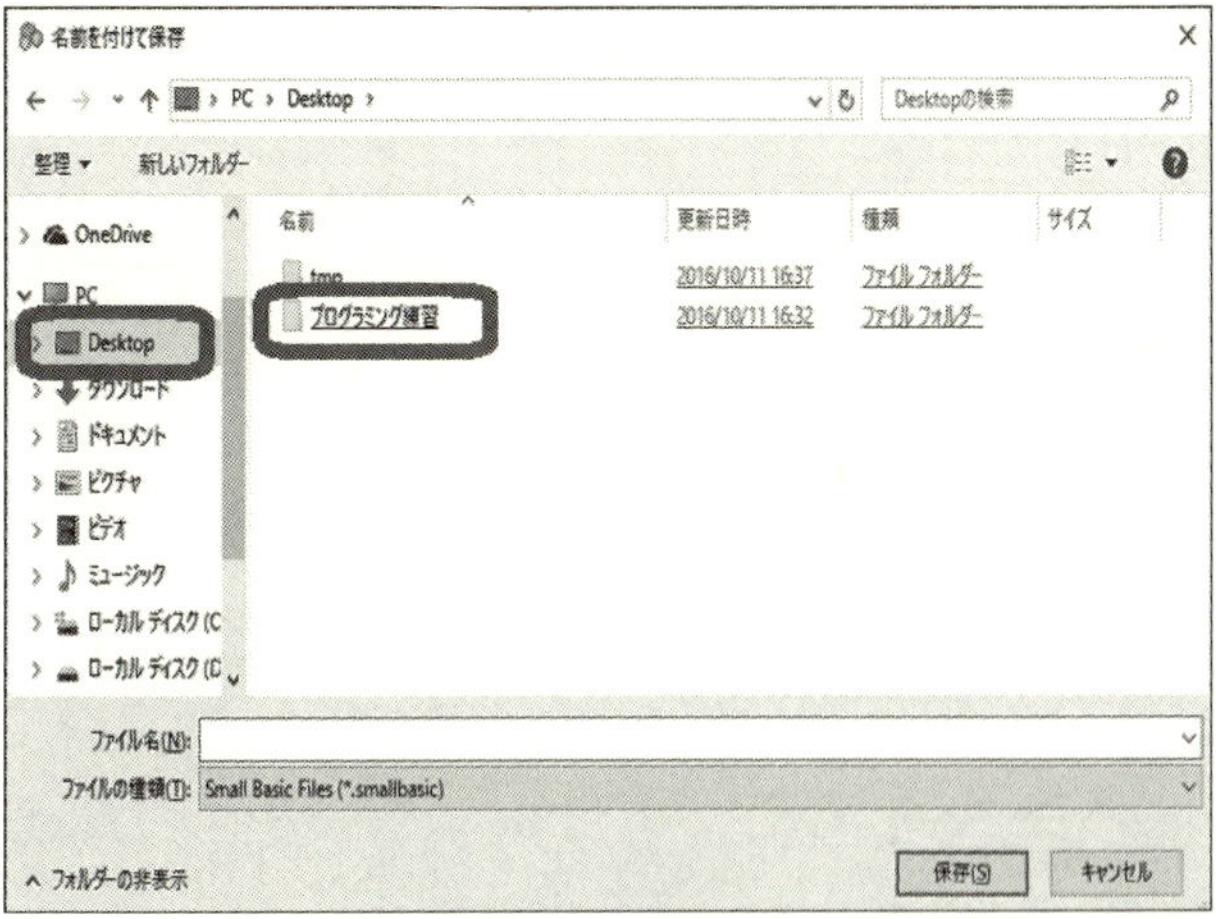

保存先を聞かれるので「デスクトップ」をクリックした後、先ほど作った「プログラミング練習」をクリックしましょう。

⑬ファイル名を入力する

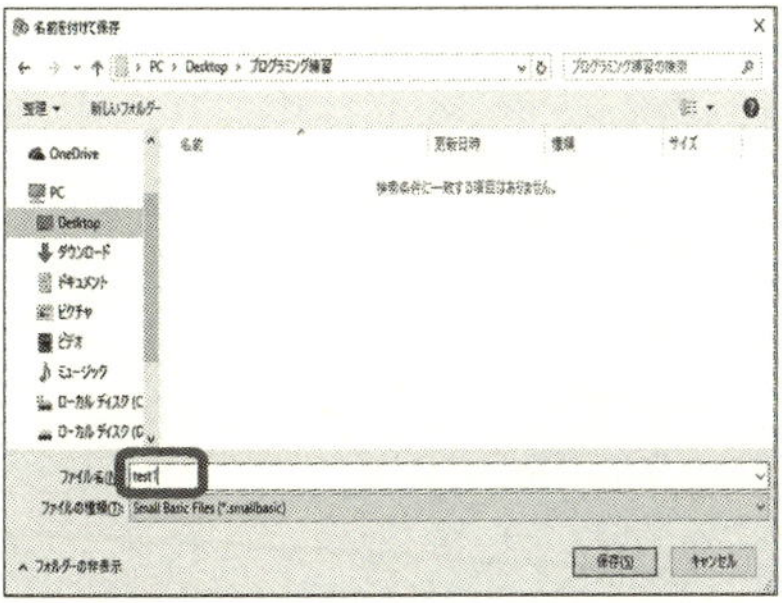

保存するファイル名は何でもOKですが、例として「test1」とキーボード入力します。

⑭「保存」ボタンを押す

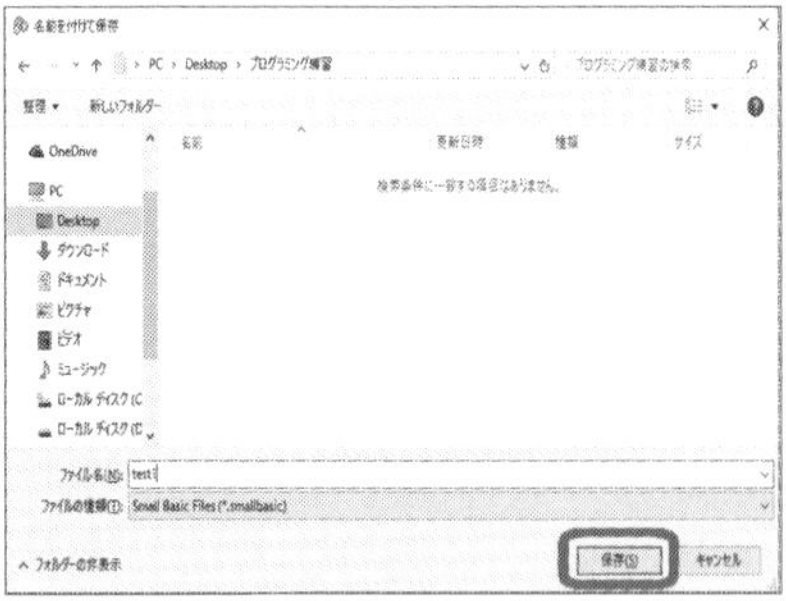

ファイル名を入力したら、右下の「保存」ボタンをクリックします。

⑮ファイル名の反映を確認する

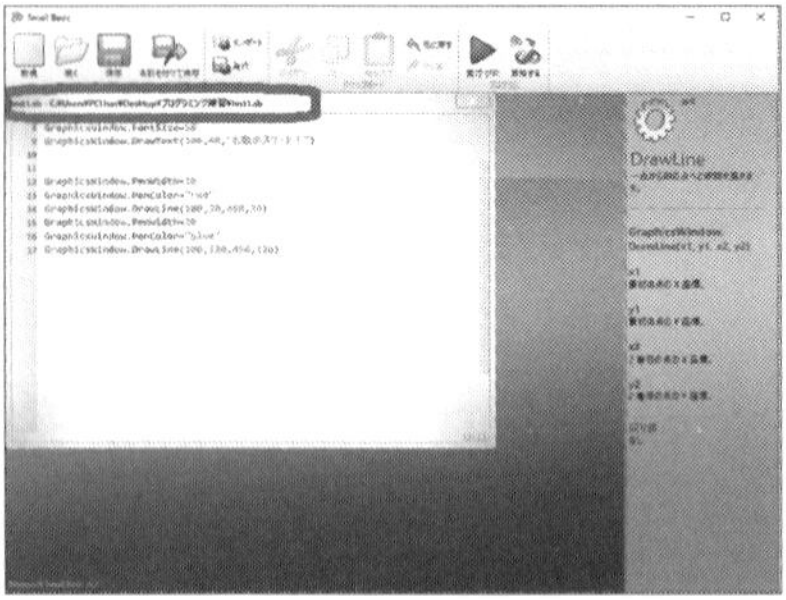

プログラム文の上のタイトルが「無題」から、入力したファイル名に変わっていることを確認します。

⑯保存ファイルを呼び出す操作

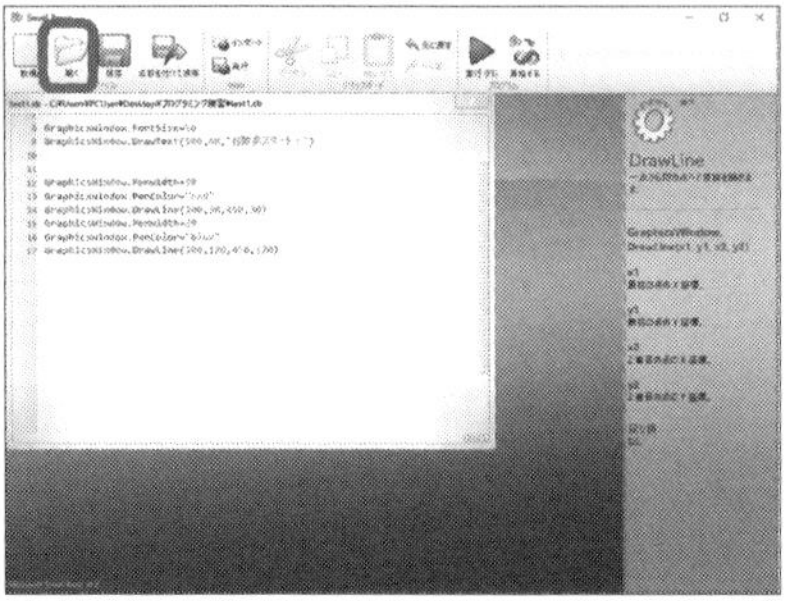

保存したファイルを呼び出す時は、左上の「開く」ボタンをクリックします。

⑰保存したファイルを選択

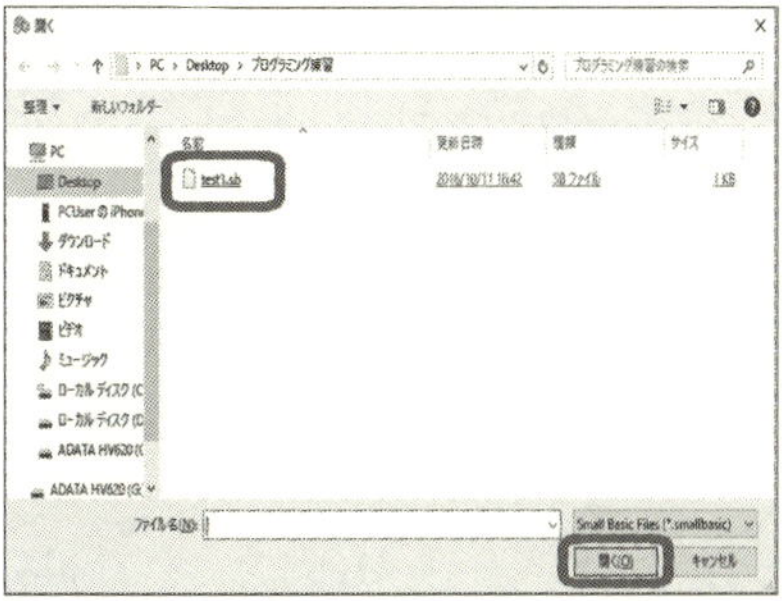

先ほど作った保存ファイルをクリックするか、または選択状態で「開く」ボタンをクリックします。

⑱開いたプログラム文を閉じる

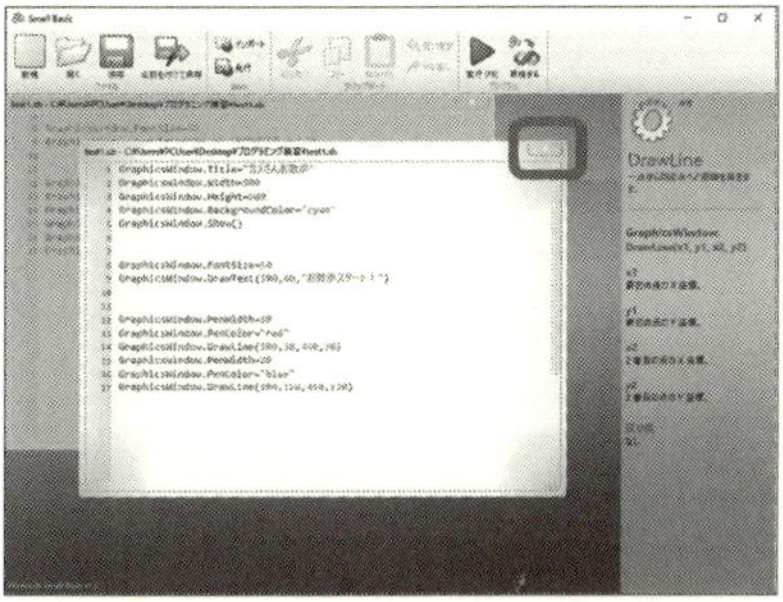

保存した時点のプログラム文が、画面の一番上に表示されます。重複するとまぎらわしいので、ひとまず閉じてしまいましょう。

⑲こまめな上書き保存がおすすめ

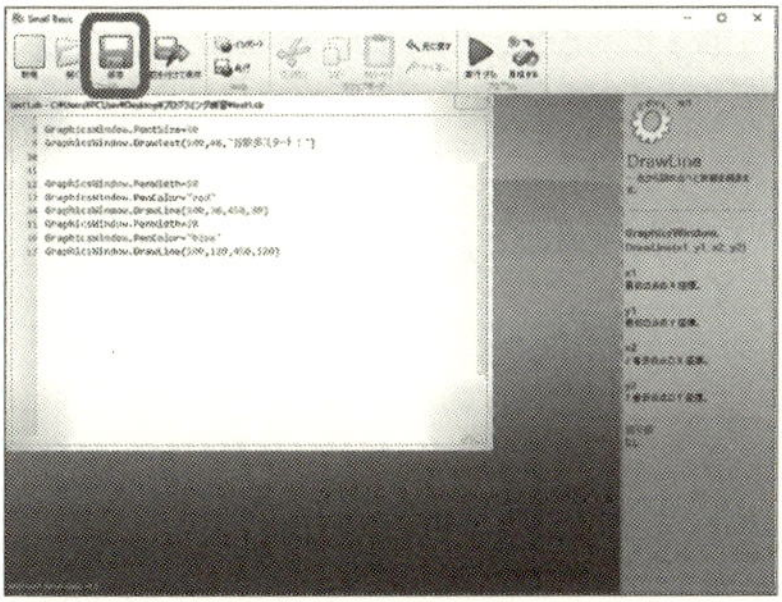

一度ファイルを作れば、隣の「保存」ボタンで上書き保存も可能です。せっかく入力したプログラムなので、こまめに保存することをおすすめします。

4．図形で描いたカメの顔を出現させよう

```
GraphicsWindow.PenWidth=10
GraphicsWindow.PenColor="green"
GraphicsWindow.DrawEllipse(500,20,280,170)
GraphicsWindow.DrawEllipse(550,60,30,30)
GraphicsWindow.DrawEllipse(700,60,30,30)
GraphicsWindow.DrawRectangle(590,110,100,50)
```

①

②

傍線①……「DrawEllipse」で丸を描く時、( ) 内にある 4 つの数字は以下の意味になります。
（横方向の位置 , 縦方向の位置 , 横方向の大きさ , 縦方向の大きさ）
傍線②……「DrawRectangle」で四角を描く時も、( ) 内にある 4 つの数字は以下の意味で同様です。
（横方向の位置、縦方向の位置、横方向の大きさ、縦方向の大きさ）

プログラムを動かすのにも慣れてきて、いろいろ試してみたくなった頃かもしれません。

次は丸や四角の図形を使って、カメの顔を描いてみましょう。

図形の位置や大きさを示す数字を解説しますが、ピンとこない時は実際に数字を変えて動かしてみるのがおすすめ。

プログラムを変えた結果は、次ページから詳しく紹介します。

①プログラムの実行結果

大きな楕円で顔の輪郭、２つの円で目、長い四角で口が表現されます。

②顔が描かれない時は

例えば「PenWidth」と「PenColor」を逆に入力してしまった時、エラーではないものの図形が描かれません。右上のプログラム文をよく見てみましょう。

③入力のスピードを上げる方法

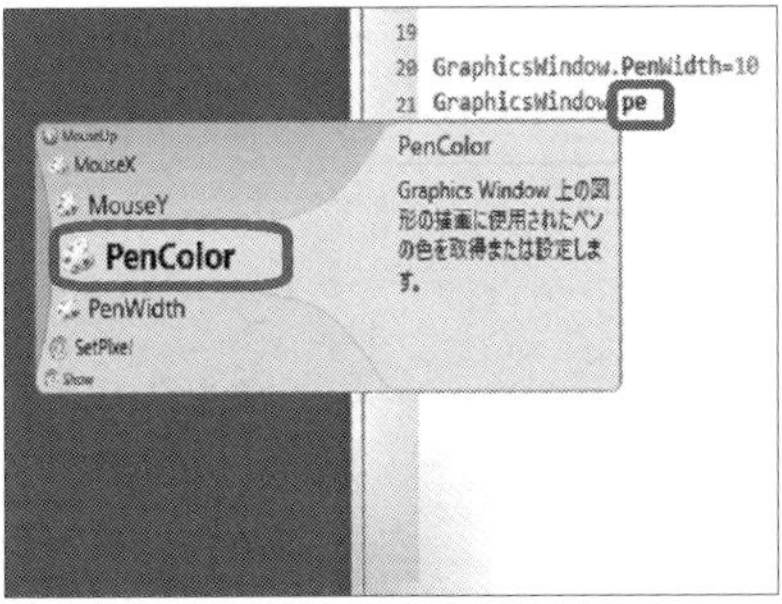

単語のアルファベットを何文字か入力すると、予測の候補がしぼられます。また決定は「Enter」キーの代わりに、マウスのダブルクリックでも行えます。

④線の太さを変えてみる

「PenWidth」を 10 から 20 に変えた実行結果。全体的に線が太くなり、強い印象になりました。

⑤線の色を変えてみる

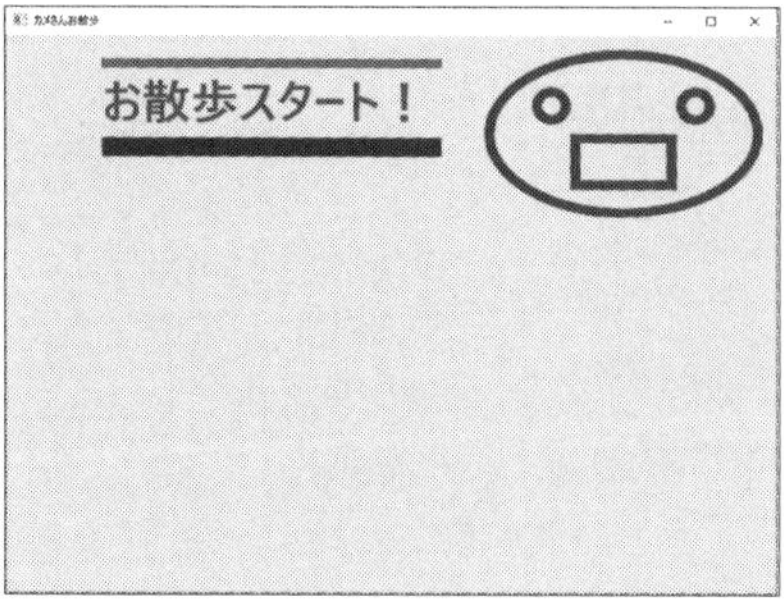

「PenColor」を "green" から "brown" に変えることもできます。知っている色の単語で "white" や "pink" など、いろいろ試して遊んでみましょう。

⑥顔の大きさを変えてみる

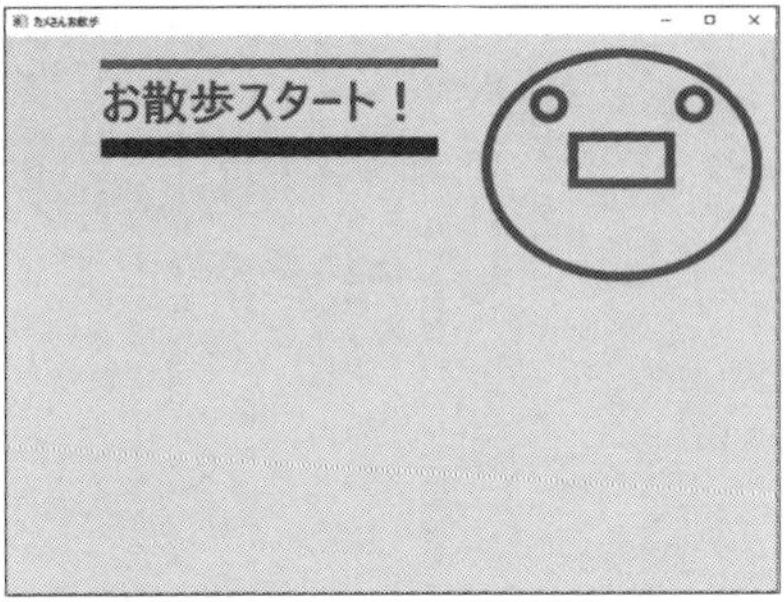

最初のDrawEllipse（500,20,280,170）を（500,20,280,240）に変えた結果。丸が縦方向に広がり、愛嬌のある顔になりました。

⑦右の目を寄せてみる

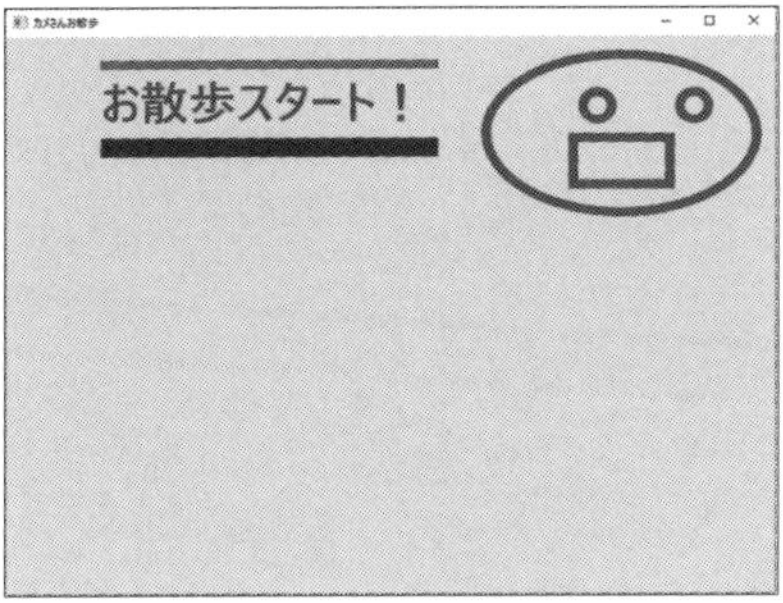

2番目のDrawEllipse（550,60,30,30）を（600,60,30,30）に変えた結果。向かって右目の横位置がずれ、寄った感じになりました。

⑧右目の大きさを変えてみる

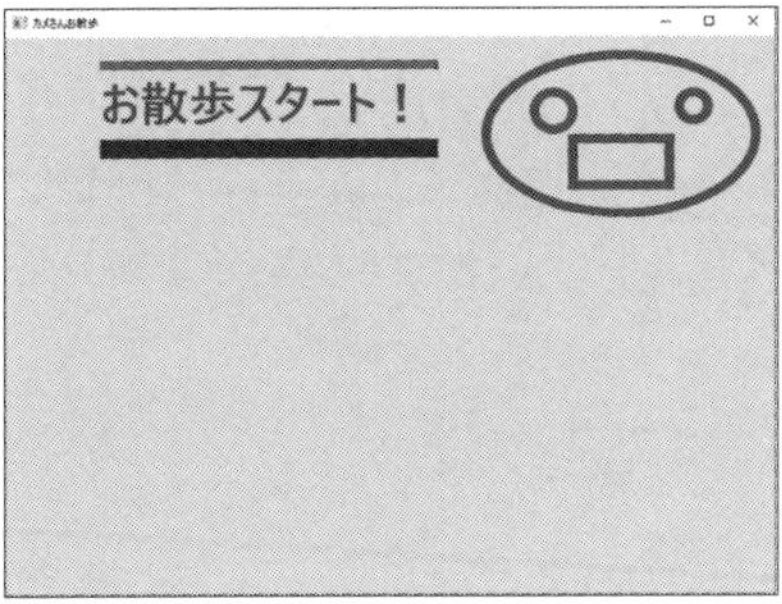

2番目のDrawEllipse（550,60,30,30）を（550,60,40,40）に変えた結果。円のサイズが広がって、右目だけ大きくなりました。

⑨左の目を横長にしてみる

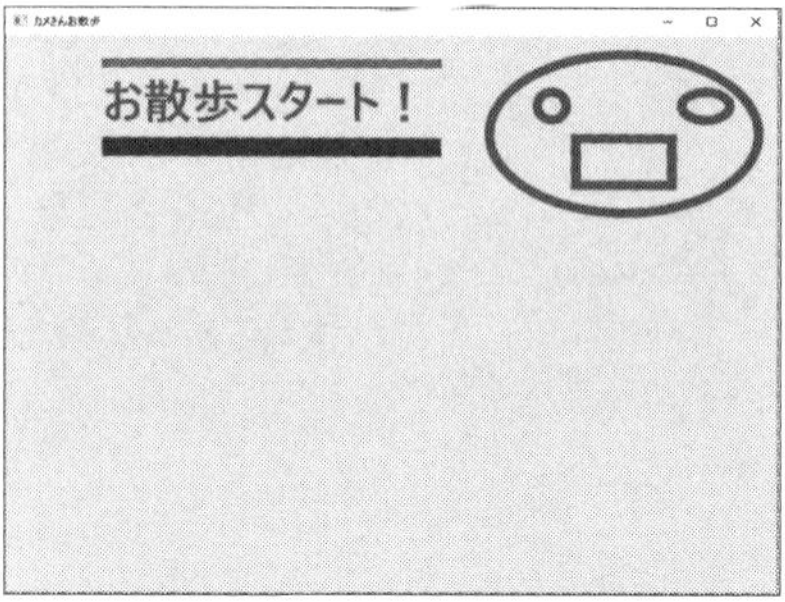

3番目のDrawEllipse（700,60,30,30）を（700,60,50,30）に変えた結果。左目が、横に長くなりました。

⑩左の目を縦長にしてみる

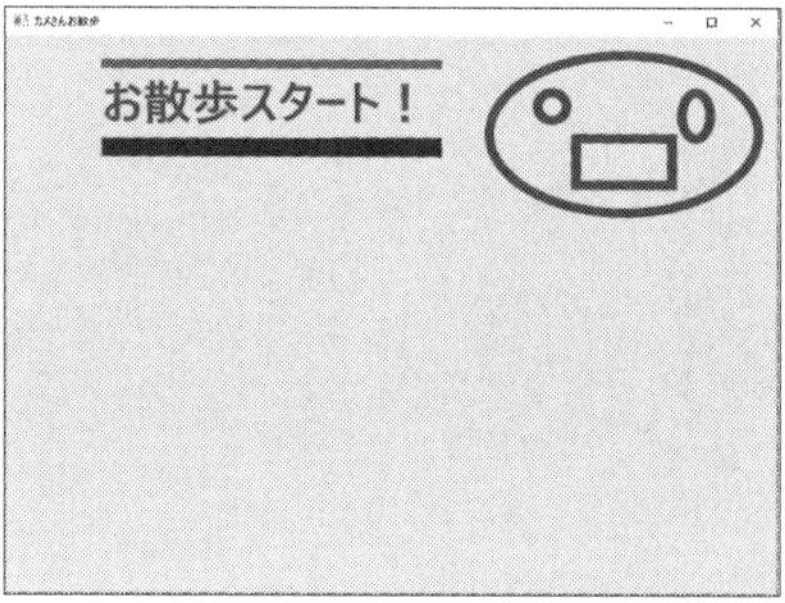

3番目のDrawEllipse（700,60,30,30）を（700,60,30,50）に変えた結果。

⑪口の位置を縦方向にずらしてみる

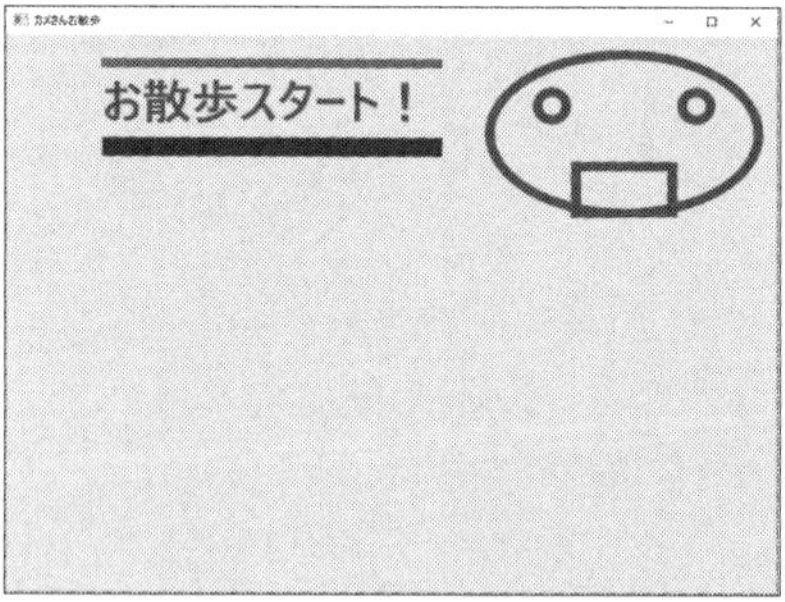

DrawRectangle（590,110,100,50）を（590,140,100,50）に変えた結果。口の位置が縦方向、下にずれています。

⑫口を小さくしてみる

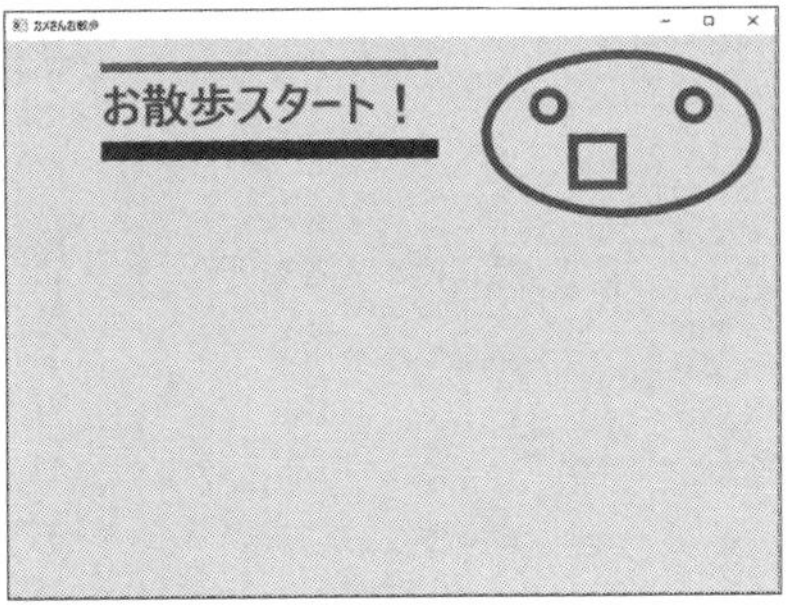

DrawRectangle(590,110,100,50)を(590,110,50,50)に変えた結果。口が横方向に縮み、小さくなりました。

⑬口を大きくしてみる

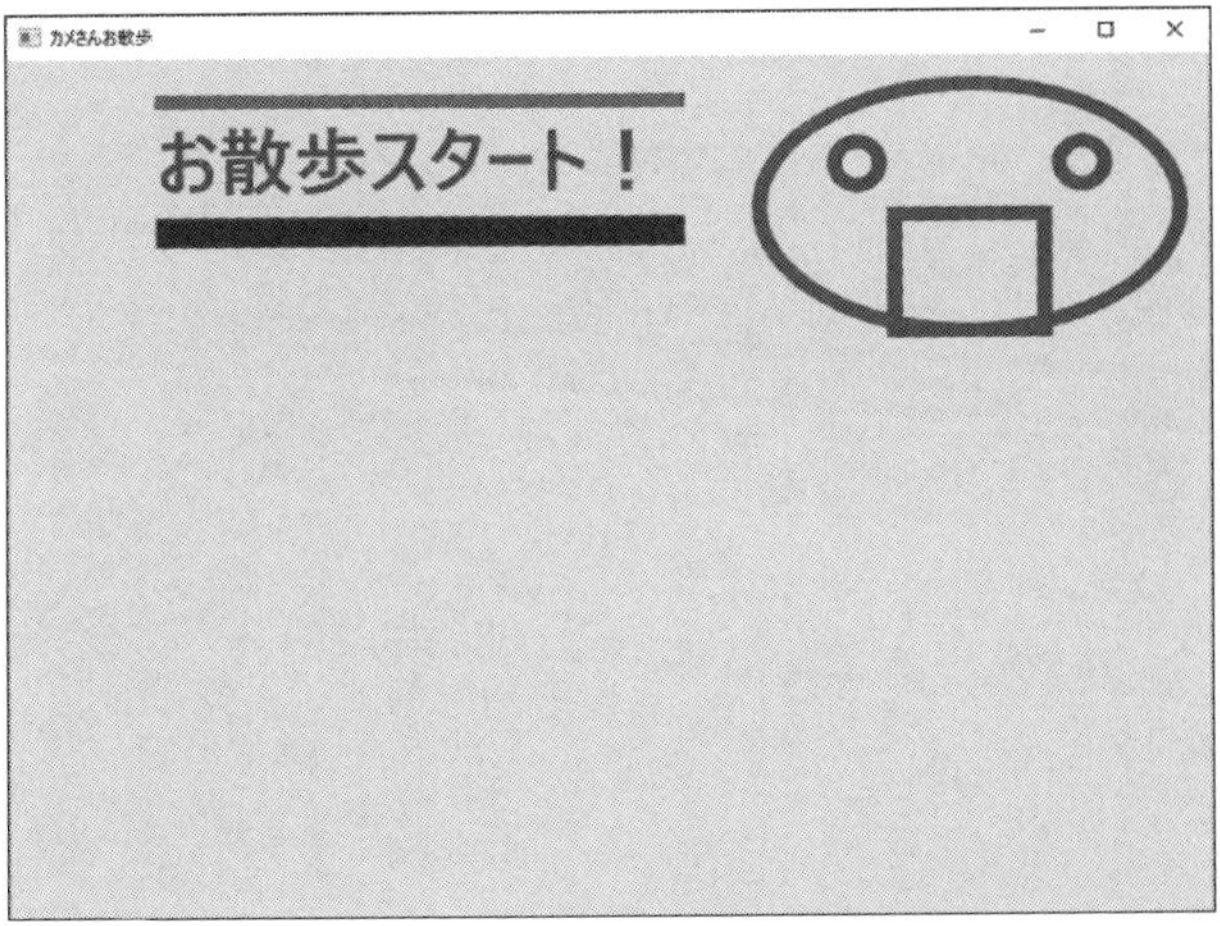

DrawRectangle(590,110,100,50)を(590,110,100,80)に変えた結果。口が縦方向に広がり、大きくなりました。

5. カメの顔にボールを当てよう

```
28 GraphicsWindow.BrushColor="yellow"
29 GraphicsWindow.PenWidth=5
30
31 y=160
32 ball=Shapes.AddEllipse(50,50)
33 For x=0 To 500
34   Shapes.Move(ball,x,y)
35   Program.Delay(2)
36 EndFor
```

傍線①……「BrushColor」は図形の塗りつぶし色を、英語で指定します。

傍線②……「y」はボールの縦方向の位置を、数字で指定します。

傍線③……縦50、横50の大きさのボールが出現する動きを、「ball」という単語にまとめています。

傍線④……「x」はボールの横方向の位置。これを0～500まで変えていくことで、転がっているように見せます。

傍線⑤……動きを少しゆっくり見せるため、「Program.Delay」の( )内数字で待ち時間を指定します。


ここでのポイントは33行目、「For」と「x」の間、「0」と「T」の間、「o」と「5」の間をそれぞれ半角空けるということ。これをやらないと、エラーになります。

①プログラムの実行結果（スタート）

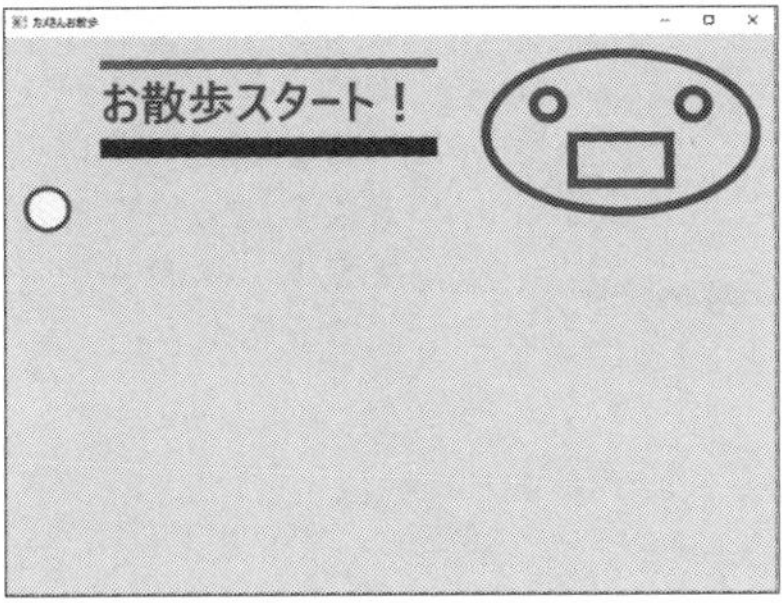

左端に小さめのボールが現れ、右へ向かって転がります。

②プログラムの実行結果（途中）

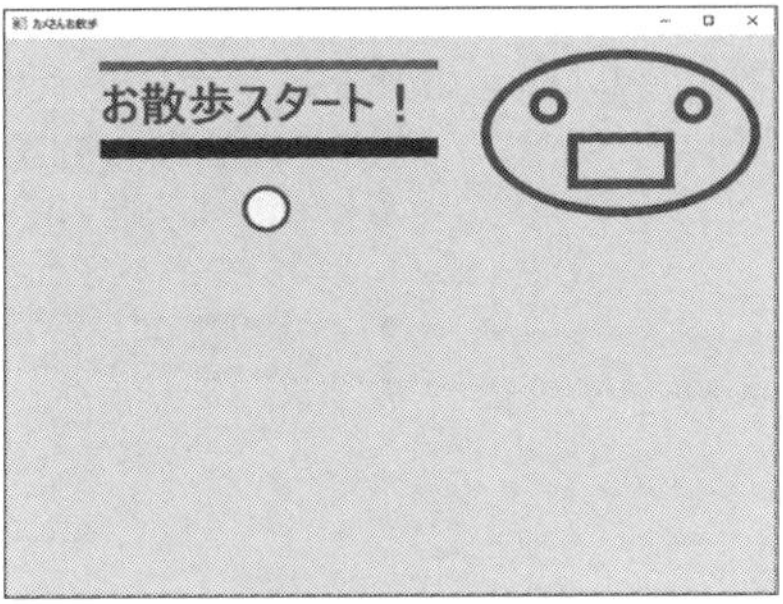

ボールが動いている途中の状態。スピードは速めです。

③プログラムの実行結果（ゴール）

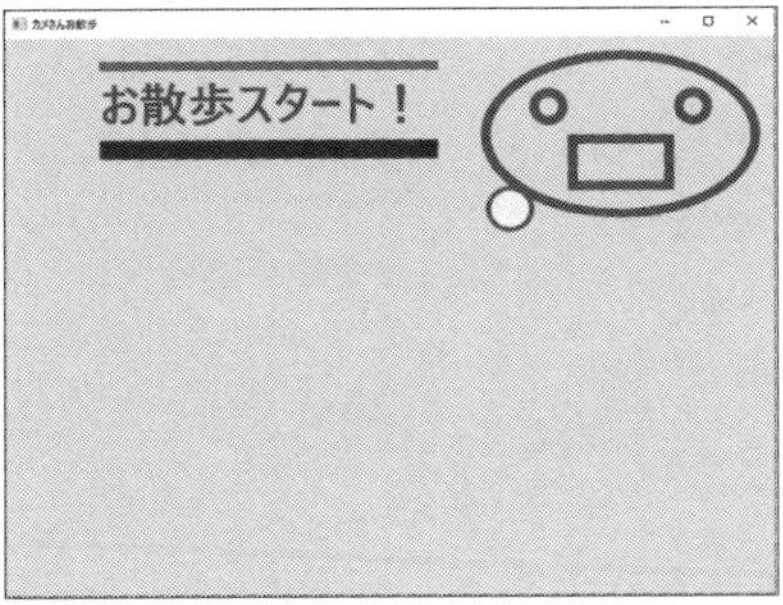

ボールがカメの顔にぶつかって止まります。

④適度な改行で読みやすくしましょう

test1.sb * - C:¥Users¥PCUser¥Desktop¥プログラミング練習¥test1.sb

```
GraphicsWindow.DrawEllipse(550,60,30,30)
GraphicsWindow.DrawEllipse(700,60,30,30)
GraphicsWindow.DrawRectangle(590,110,100,50)


GraphicsWindow.BrushColor="yellow"
GraphicsWindow.PenWidth=5

y=160
ball=Shapes.AddEllipse(50,50)
For x=0 To 500
  Shapes.Move(ball,x,y)
  Program.Delay(2)
EndFor
```

プログラム文のキリのよい所で、１～2行ほど適度に空けると後で読みやすくなります。実行結果は変わりません。

⑤半角スペースも影響なし

```

GraphicsWindow.BrushColor="yellow"
GraphicsWindow.PenWidth=5

y = 160
ball=Shapes.AddEllipse(50,50)
For x=0 To 500
  Shapes.Move(ball,x,y)
  Program.Delay(2)
EndFor
```

「=」の前後などに半角スペースをつけても、実行結果に影響ありません。それぞれの好みで、読みやすくなる書き方をするとよいでしょう。

⑥「For」「EndFor」はセットになる

```
For x=0 To 500
  Shapes.Move(ball,x,y)
  Program.Delay(2)
EndFor
```

同じ動きを繰り返す「For」は、最後に「EndFor」を付けるのが決まり。このセットの間にある文は、入力する時に自動で右へ送られます。

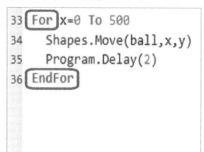

⑦ボールの色をピンクにしてみる

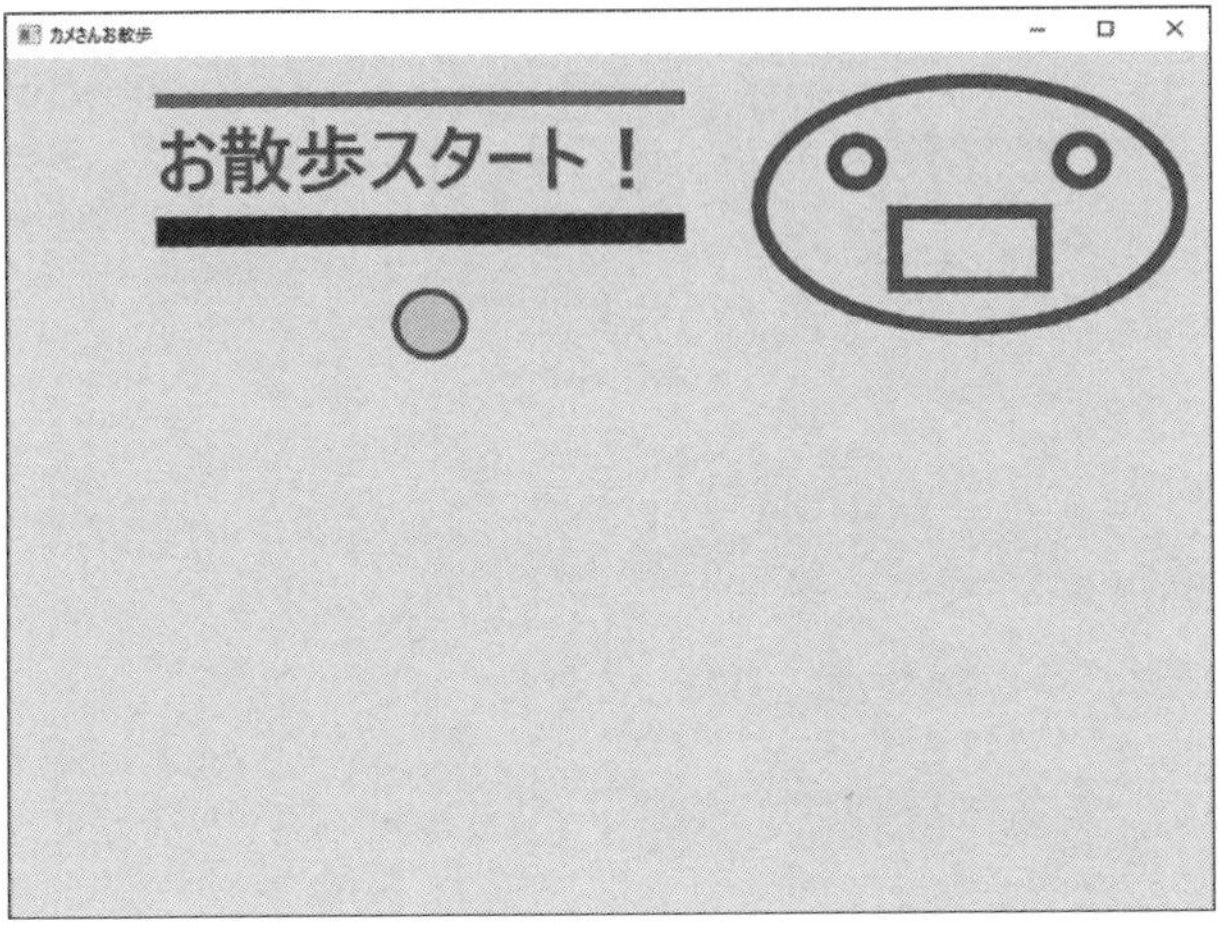

「BrushColor」を "yellow"から "pink"に変えると、色もピンクになりました。

⑧ボールの転がる位置を低くしてみる

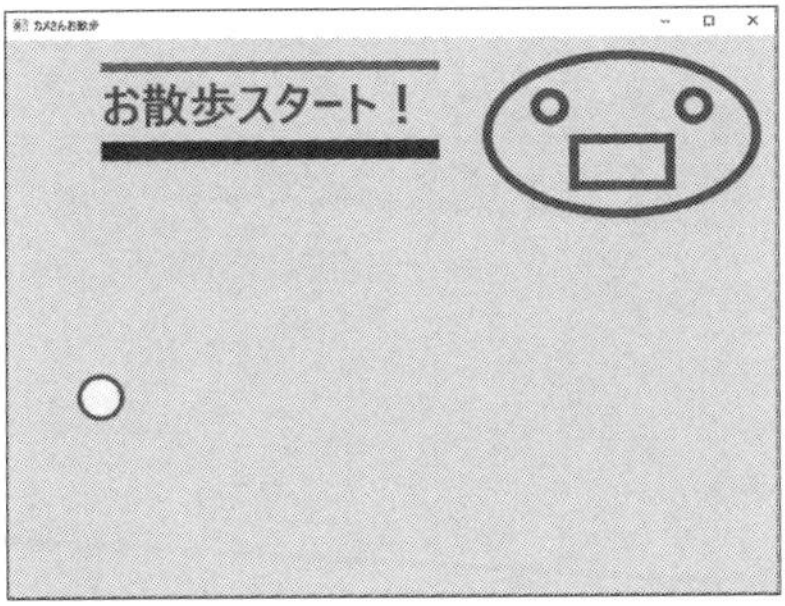

「y」を 160 から 360 に変えた実行結果。ボールの縦位置がずれ、下のほうを転がります。

⑨ボールの大きさを変えてみる

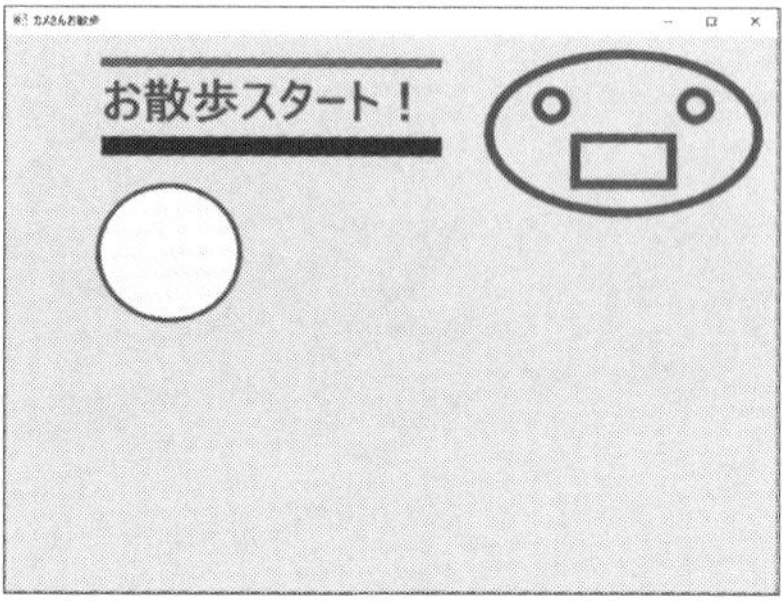

AddEllipse（50,50）を、（150,150）に変えた実行結果。ボールのサイズが大きくなりました。

⑩スタートの横位置をずらしてみる

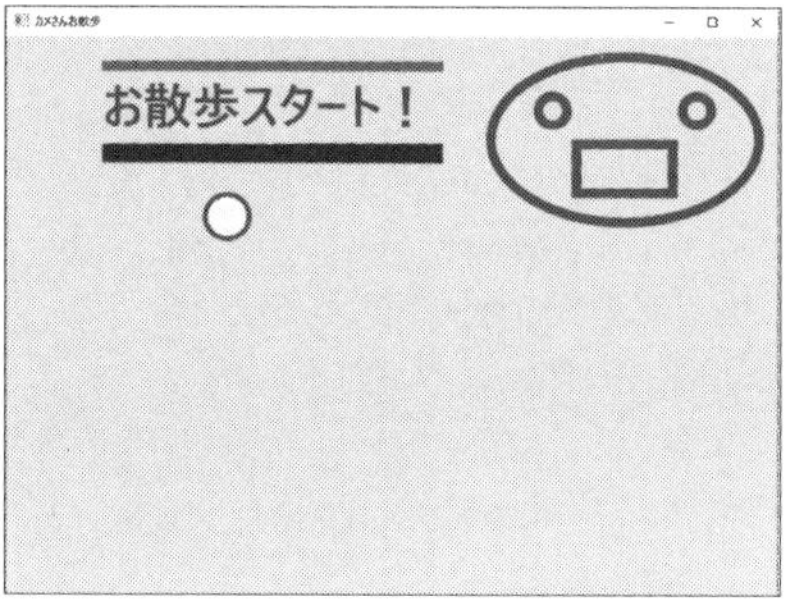

「For x=0」を「For x=200」に変えた実行結果。ボールがスタートする横位置が、右方向にずれました。

⑪ゴールの横位置をずらしてみる

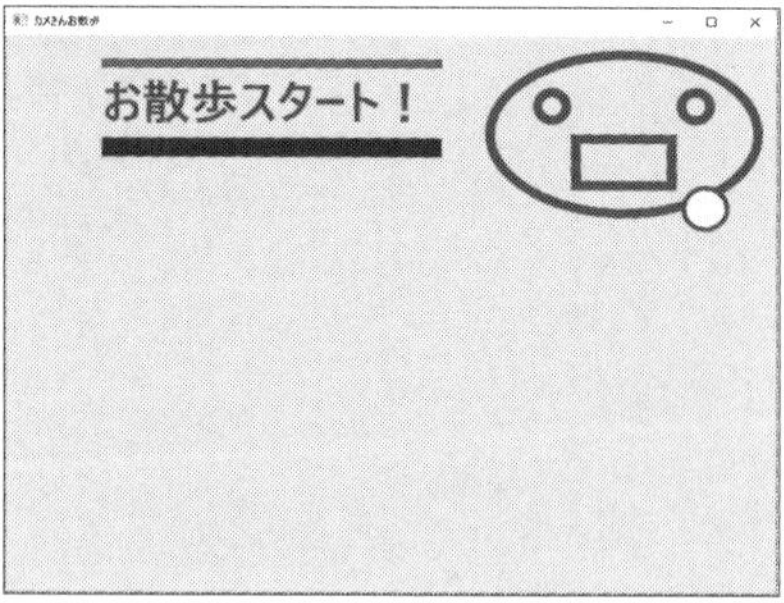

「To 500」を「To 700」に変えた実行結果。ゴールの横位置が右方向にずれ、顔の反対側まで転がるようになりました。

⑫ボールをゆっくり転がしてみる

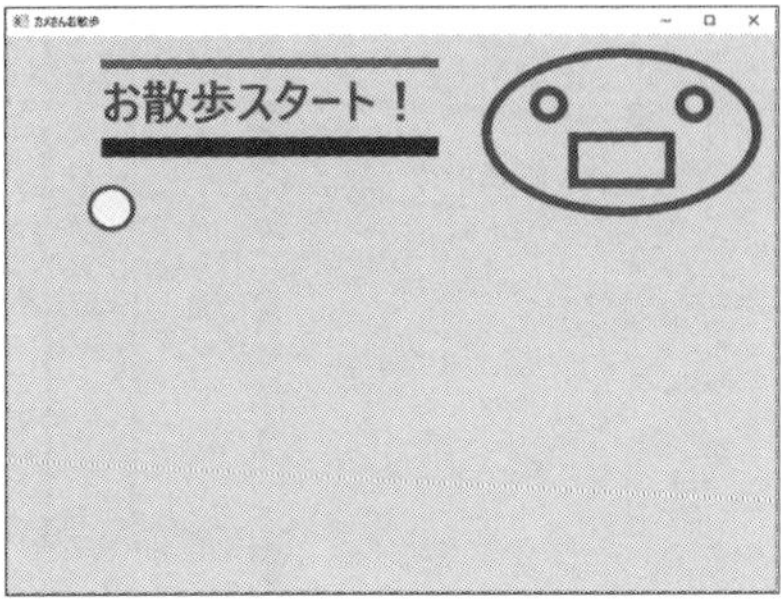

「Delay(2)」を「Delay(20)」に変えた実行結果。ボールのスピードがゆっくりになります。遅さに耐えられなければ、実行画面を閉じてしまってOKです。

⑬「y」や「ball」は別の単語でもOK

```
tate=160
tama=Shapes.AddEllipse(50,50)
For x=0 To 500
  Shapes.Move(tama,x,tate)
  Program.Delay(2)
EndFor
```

「y」「ball」などは、「tate」（縦）「tama」（球）といった別の単語に変更してもプログラムが動きます。その際は対応する箇所をすべて変えましょう。

```
GraphicsWindow.PenColor="magenta"
Turtle.X=200
Turtle.Y=300
Turtle.Speed=10
Turtle.Show()

sides=6
length=80
angle=360/sides

For j=1 To 10
  For i=1 To sides
    Turtle.Move(length)
    Turtle.Turn(angle)
  EndFor
  Turtle.Turn(36)
EndFor
```

矢印①……模様を描く線の色、小さなカメが現れる位置、移動するスピードを指定して表示させる流れです。
矢印②……模様で描きたい基本の形、線の長さ、カメが曲がる角度をそれぞれ指定します。
矢印③……同じ図形について角度をずらしながら何回も描くことで、模様のように見せる仕組みです。

次は小さなカメを動かして、模様を描かせましょう。プログラム文の「／」（スラッシュ）は半角英数で、キーボード右下の「め」を押せば入力できます。

「For」の後ろに入力する文字は1行目が「j」で2行目が「i」となります。この2つを同じ文字にしてしまうと、カメがずっと動き続ける結果になるので注意しましょう。

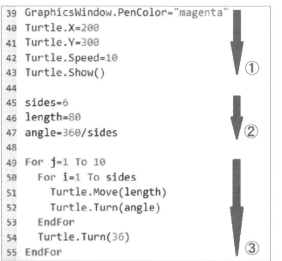

①プログラムの実行結果（スタート）

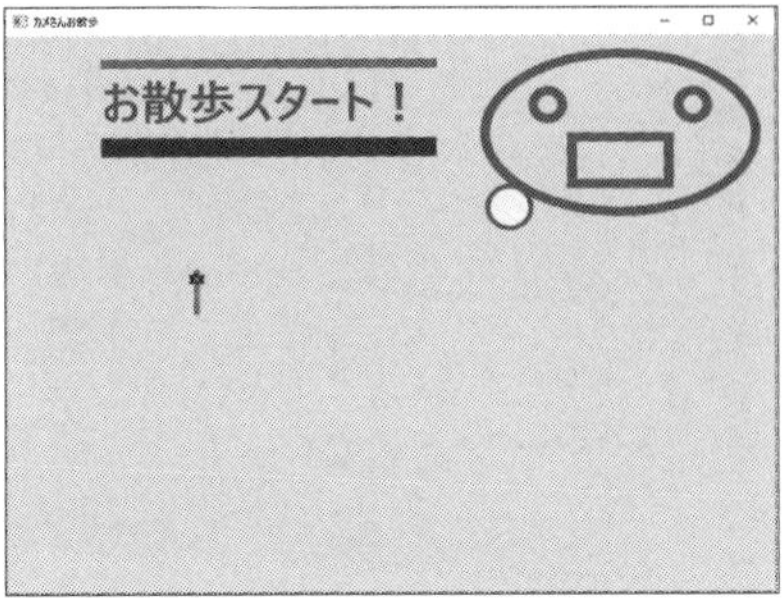

小さなカメが現れて、線を引きながら移動を始めます。

②プログラムの実行結果（途中）

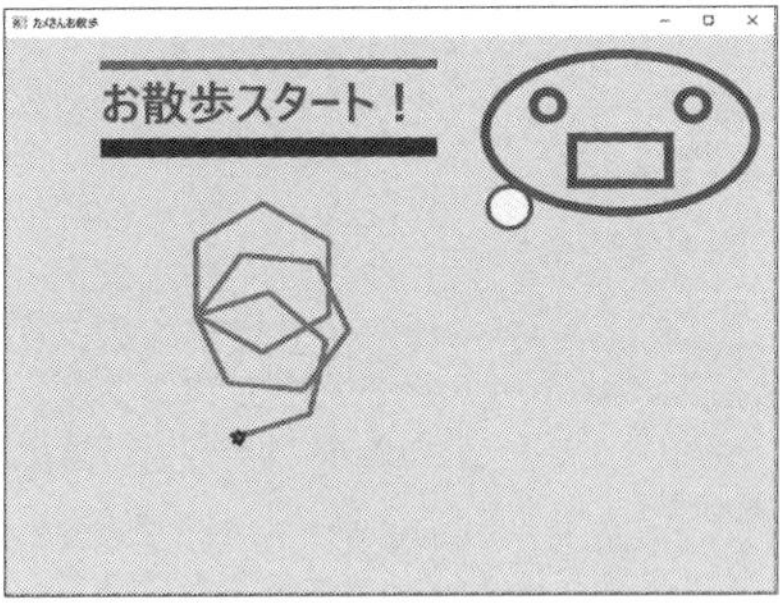

同じ大きさの六角形を描きながら、角度をずらして前へ進みます。

③プログラムの実行結果（ゴール）

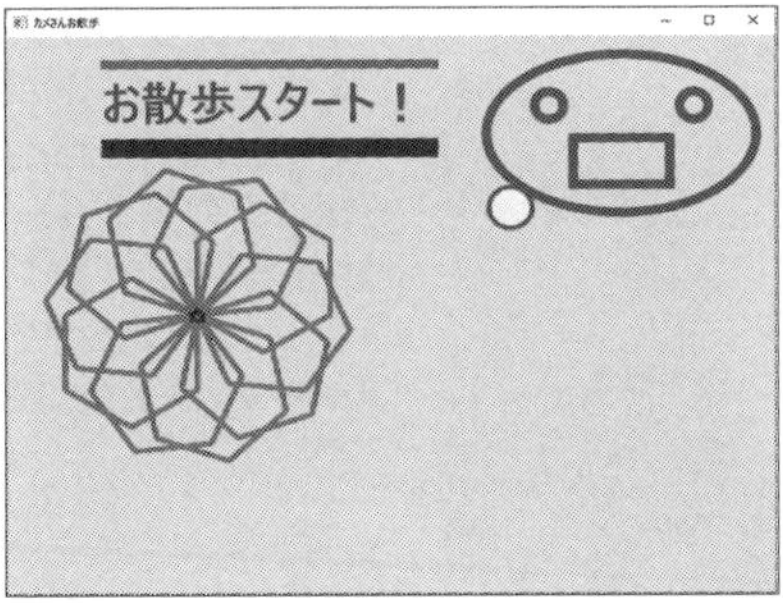

六角形を10回描き、元の位置へ戻ります。

④単語の書き方は統一しましょう

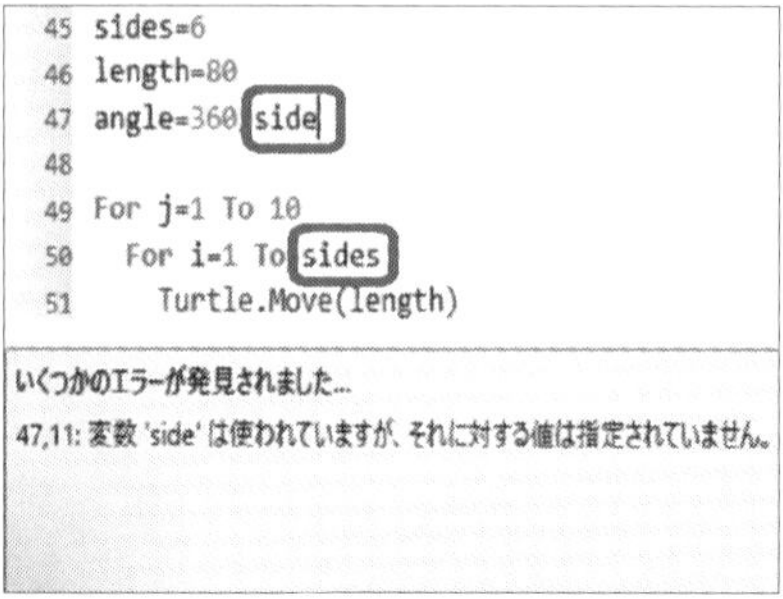

sides=6
length=80
angle=360/side
For j=1 To 10
For i=1 To sides
Turtle.Move(length)
いくつかのエラーが発見されました...
47,11: 変数 'side' は使われていますが、それに対する値は指定されていません。

「sides」「length」「angle」は、それぞれ自分で名前を変更できる単語。しかしどこかで「s」が抜けるなど書き方が統一されてないと、エラーとなります。

⑤定型の単語は自動で大文字に

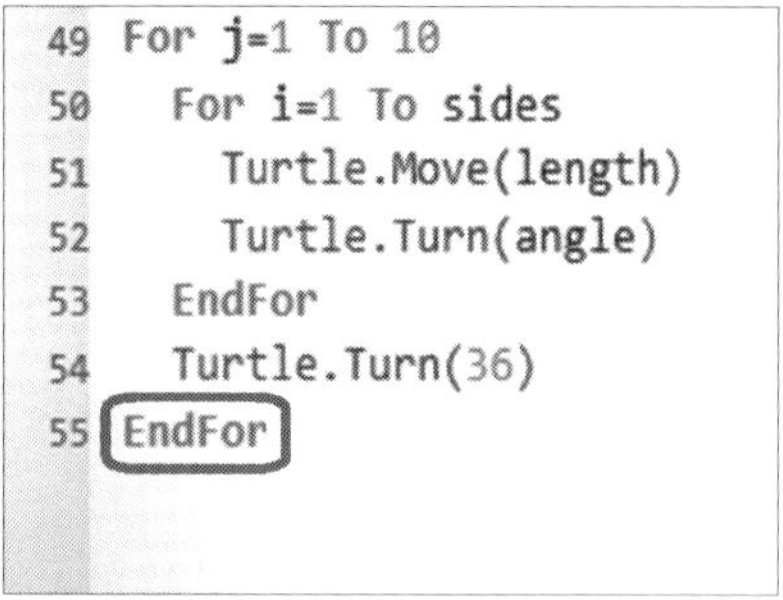

For j=1 To 10
For i=1 To sides
Turtle.Move(length)
Turtle.Turn(angle)
EndFor
Turtle.Turn(36)
EndFor

「EndFor」など定型の単語は、小文字で「endfor」と入力し「Enter」キーを押すと自動で頭が大文字になります。大文字でも小文字でも実行結果は変わりません。

⑥単語の解説機能も便利

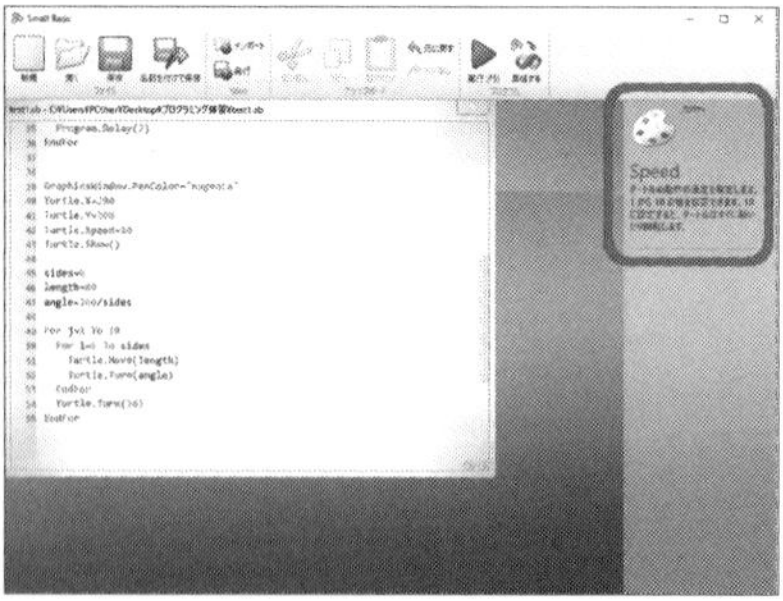

Speed

例えば「Turtle.Speed」の隣に入力カーソルを合わせると、画面右側にその意味が解説されます。プログラミングのヒントが得られる便利な機能です。

⑦線の色を変えてみる

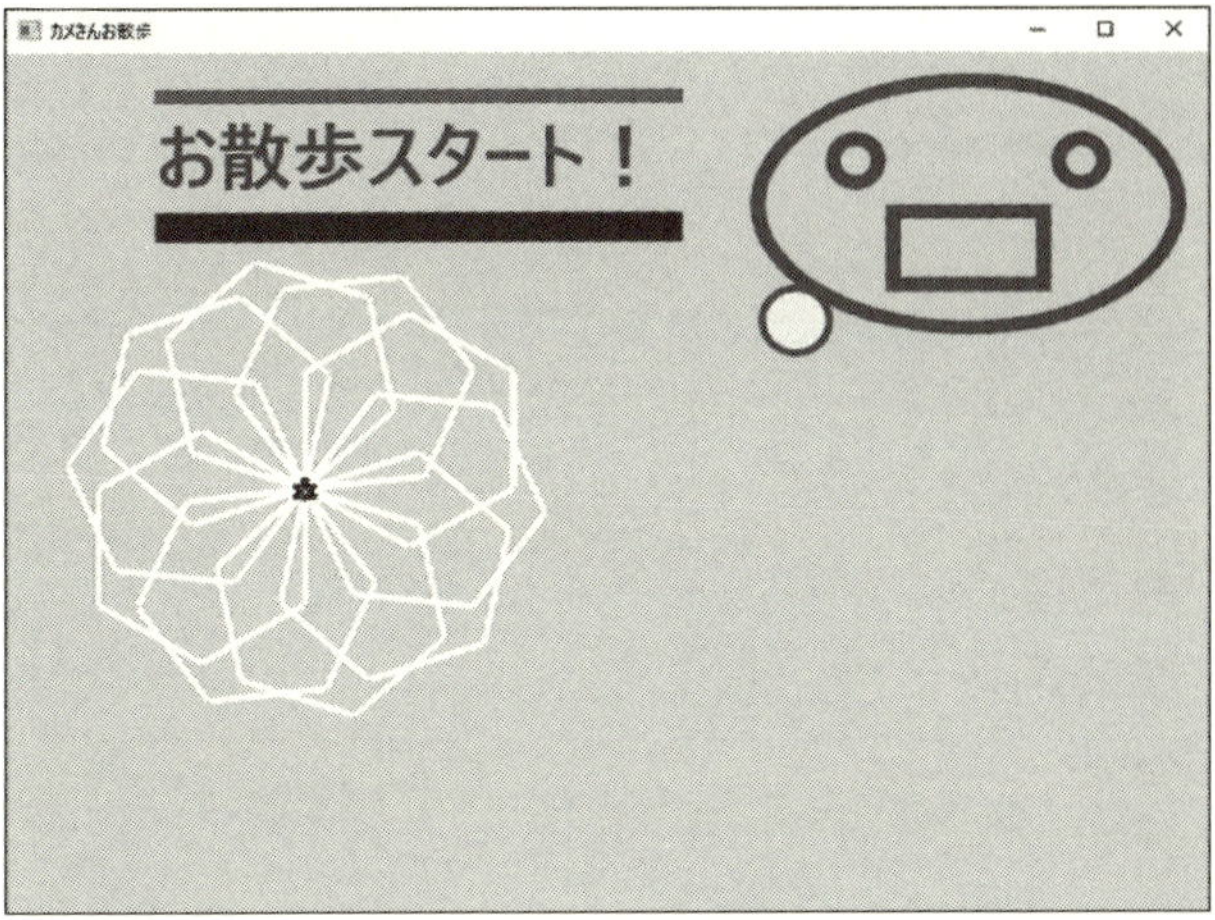

「PenColor」を "magenta" から "white" に変えると、こんな感じになります。

⑧模様の横位置を変えてみる

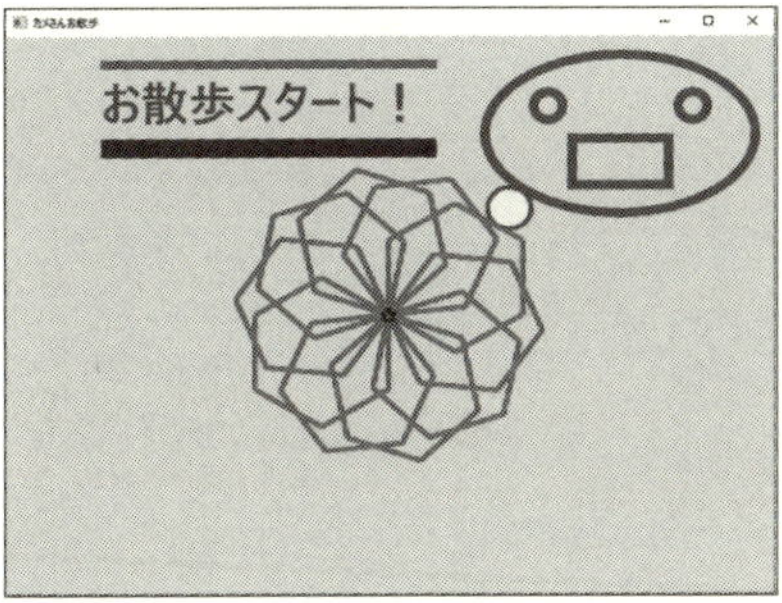

「Turtle.X」を 200 から 400 に変えた実行結果。模様の横位置が右へずれました。同様に「Turtle.Y」を変更すると縦位置がずれます。

⑨カメの移動スピードを変えてみる

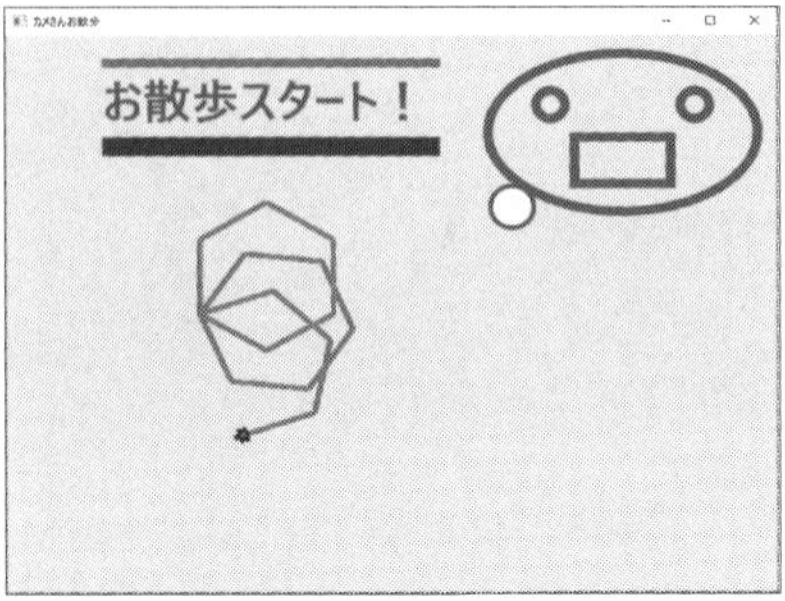

「Turtle.Speed」を 10 から 5 に変えた実行結果。カメの移動スピードが遅くなるので、ゴールを待ちきれなければ途中でウインドウを閉じて OK です。

⑩基本図形を変えてみる

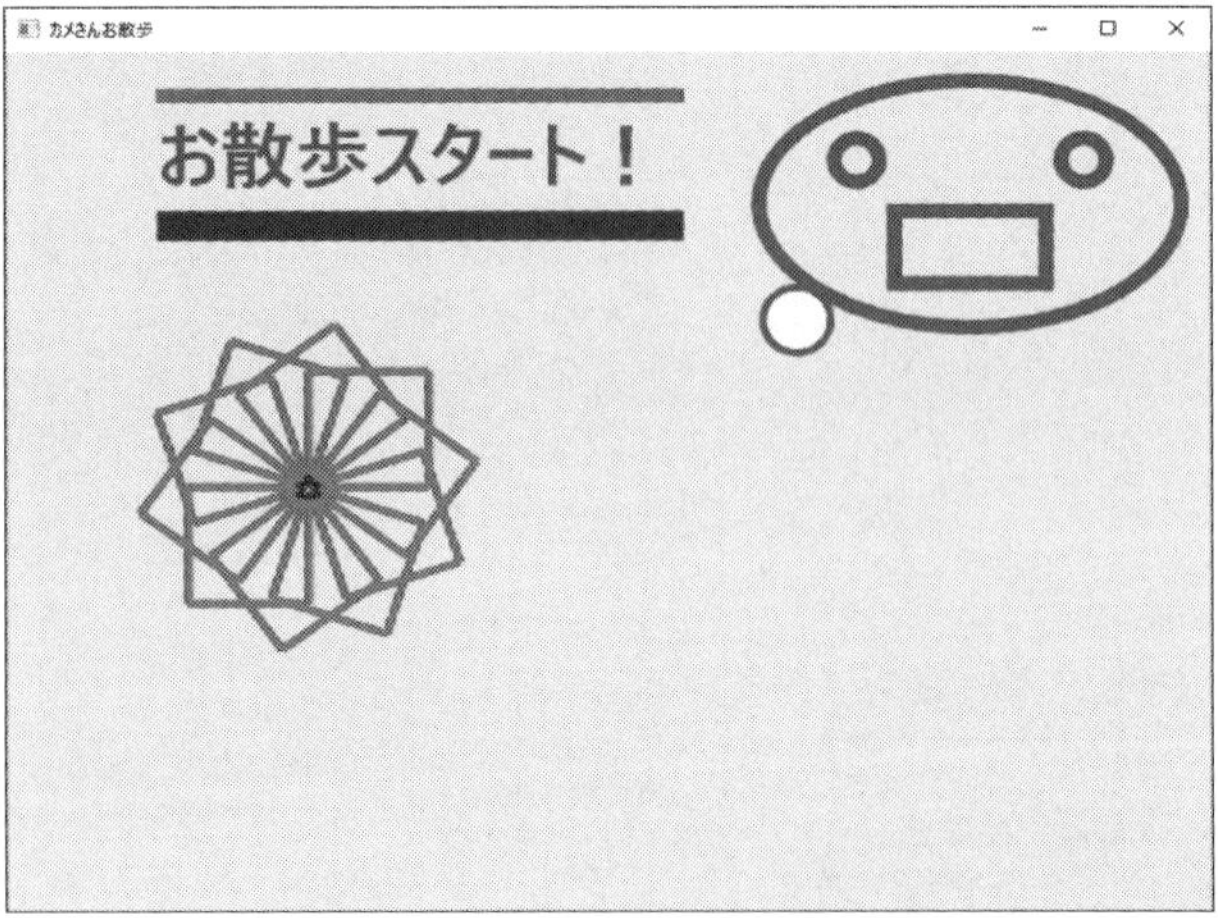

「sides」を 6 から 4 に変えた実行結果。描く基本の図形が六角形ではなく四角形になり、違う模様になります。

⑪模様の大きさを変えてみる

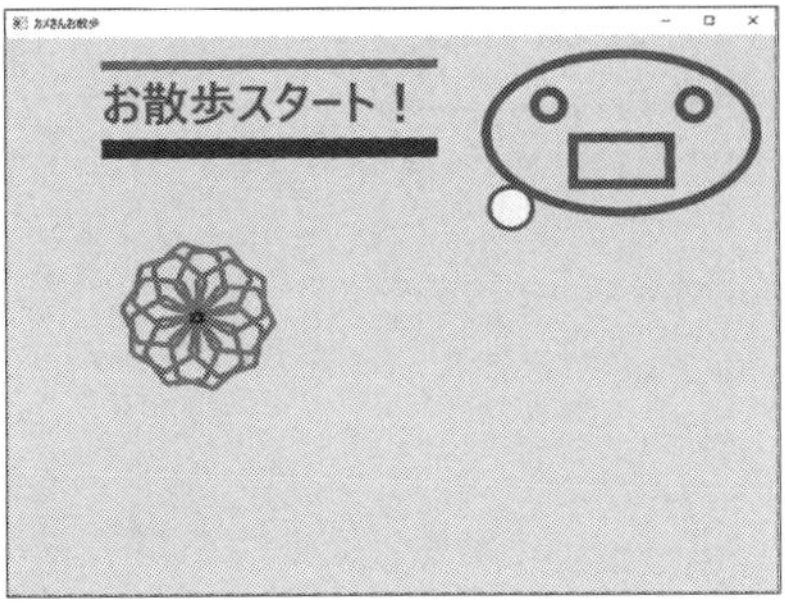

「length」を 80 から 40 に変えた実行結果。カメの移動距離が短くなり、全体的に小さな模様が描かれます。

⑫カメの曲がる角度を変えてみる

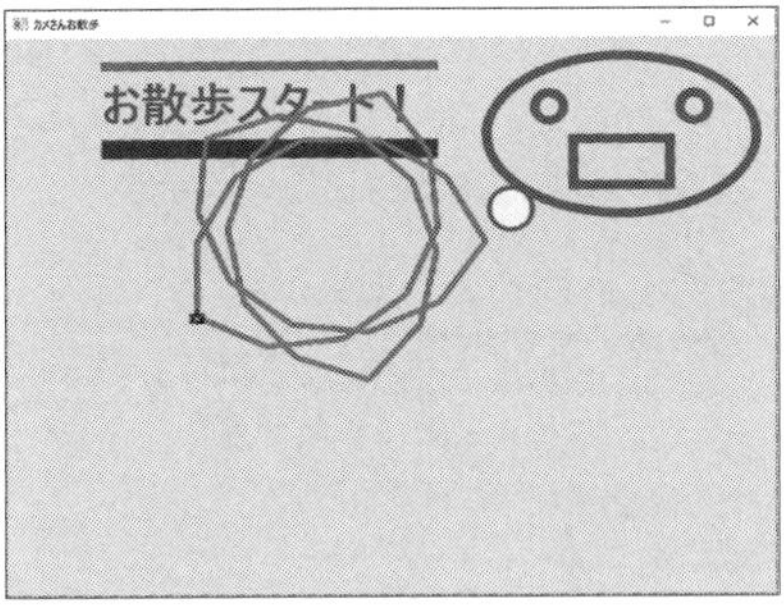

「angle」を「360/sides」から「180/sides」に変えた実行結果。カメの曲がる角度が小さくなり、密度の低い模様になります。

⑬図形の重なり方を変えてみる

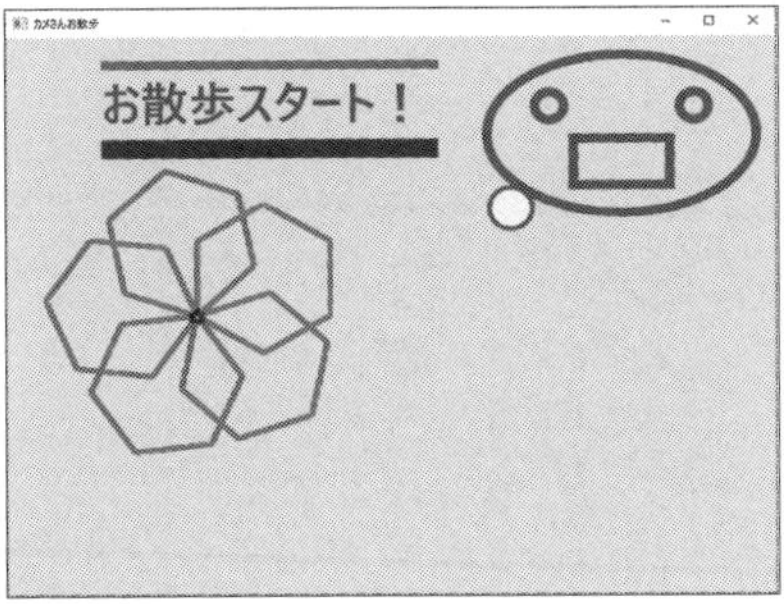

Turtle.Turn(36) の 36 を 72 に変えた実行結果。六角形の重なり方が離れて、カメは同じコースを 2 回たどることになります。

7. カメのイラストを表示させよう

```
Program.Delay(500)  ①
path="C:\Users\PCUser\Desktop\プログラミング練習\kame.png"
e=ImageList.LoadImage(path)  ②
GraphicsWindow.DrawImage(e,400,300)  ③
```

傍線①……カメが先ほどの模様を描いてからイラスト表示されるまでの間を作るため、「Delay(500)」で長めの待ち時間を指定します。なお、500とは0.5秒を意味し、これを3000に変えると「3秒の待ち時間」になります。

傍線②……「path」で指定した場所にあるイラストを、「LoadImage」で呼び出します。その一連の流れを「e」という単語にまとめます。

傍線③……DrawImage(e,400,300)の( )内は、(表示するイラスト、表示の横位置、表示の縦位置)という意味になります。

カメのイラストをパソコンに保存し、ウインドウ上へ表示するやり方について説明します。

文の量はわずか4行ですが、「path」でイラストの場所を入力するのに少しコツが要ります。イラストの保存方法とともに、次ページから順を追って解説します。

なお「／」を逆にしたような記号は、半角英数でキーボード右下の「ろ」を打てば入力されます。ひとまず2行目途中の「path="」まで、いったん入力を済ませておきましょう。

①プログラムの実行結果（完成時）

完成時はウインドウの右下に、カメのイラストが表示されます。インターネットからイラストを保存する手順を、以下に解説します。

②イラストをパソコンに保存する手順

例としてフリー素材のサイト「いらすとや」(http://www.irasutoya.com)をインターネットで開き、パソコンへ保存するまでを説明します。

③カメのイラストを探す

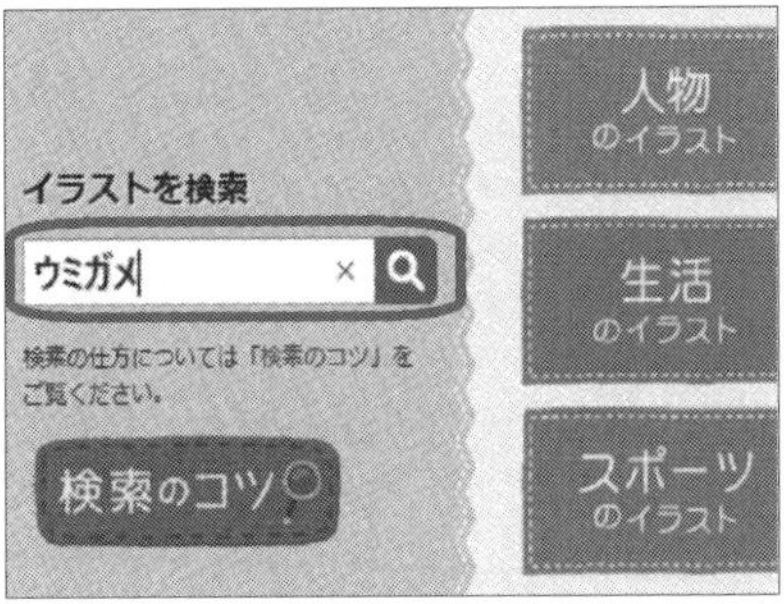

開いたサイトに検索機能があれば、「ウミガメ」などと入力して検索をかけます。

④イラストを選択してマウスを右クリック

気に入ったイラストを見つけたら選択します。このサイトでは先にマウスを左クリックしてイラスト拡大させた後、マウスの右ボタンをクリックします。

⑤「名前を付けて画像を保存」を選択する

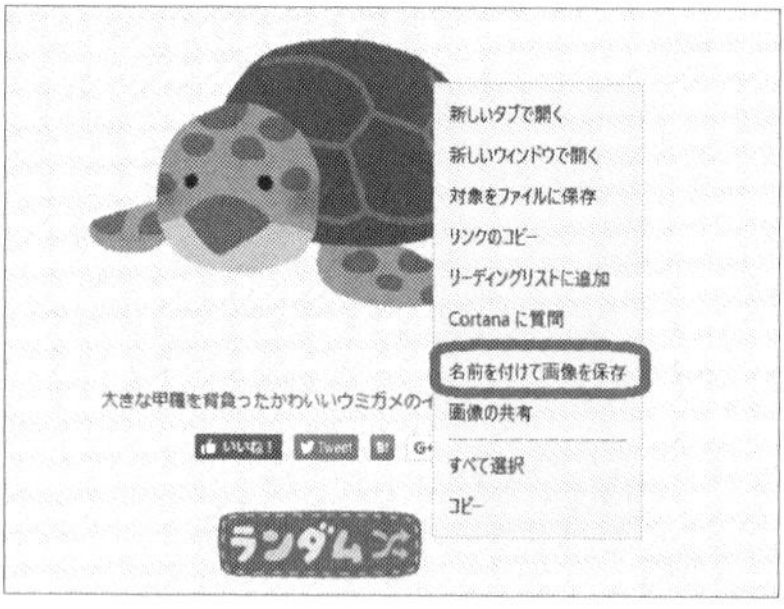

現れたウインドウの「名前を付けて画像を保存」を選択し、マウスの左ボタンをクリックします。

⑥保存先を選ぶ

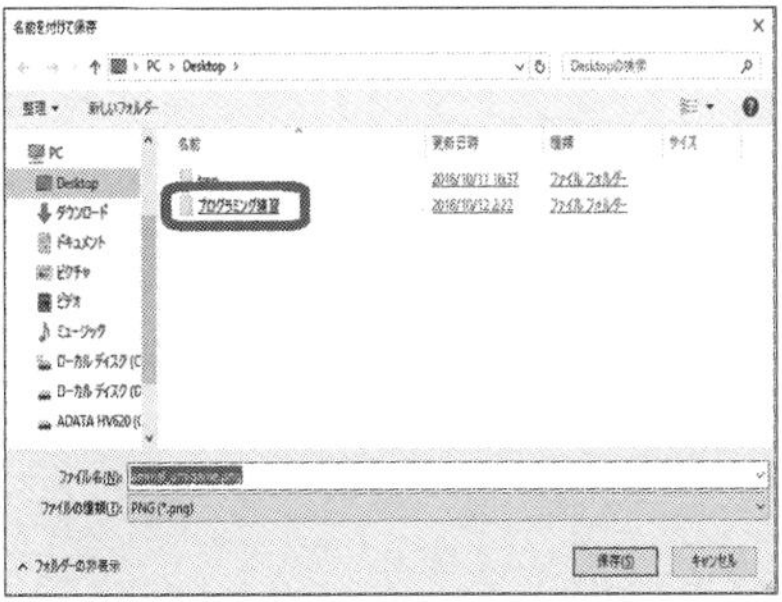

イラストの保存先を聞かれるので、先ほどデスクトップ上に作った「プログラミング練習」フォルダーを選択しましょう。

⑦ファイルに名前を付ける

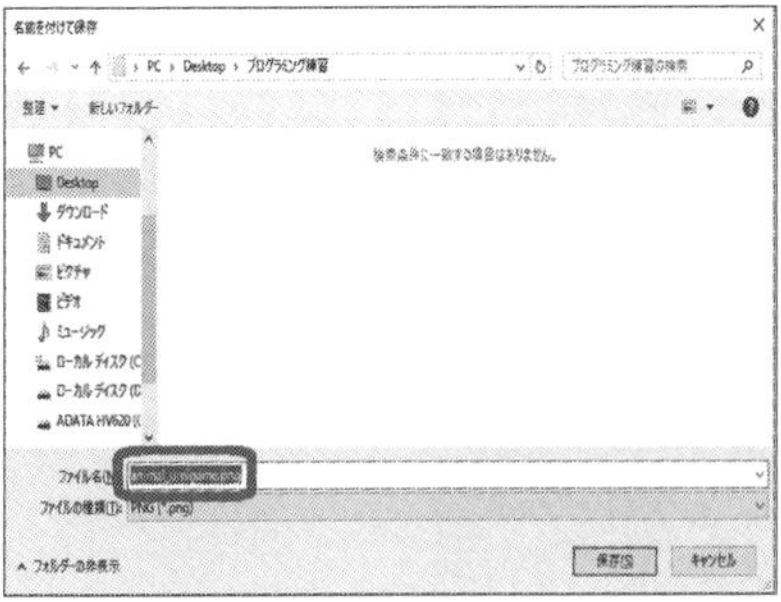

ファイル名の欄へ「kame」と入力します。

⑧「保存」ボタンを押す

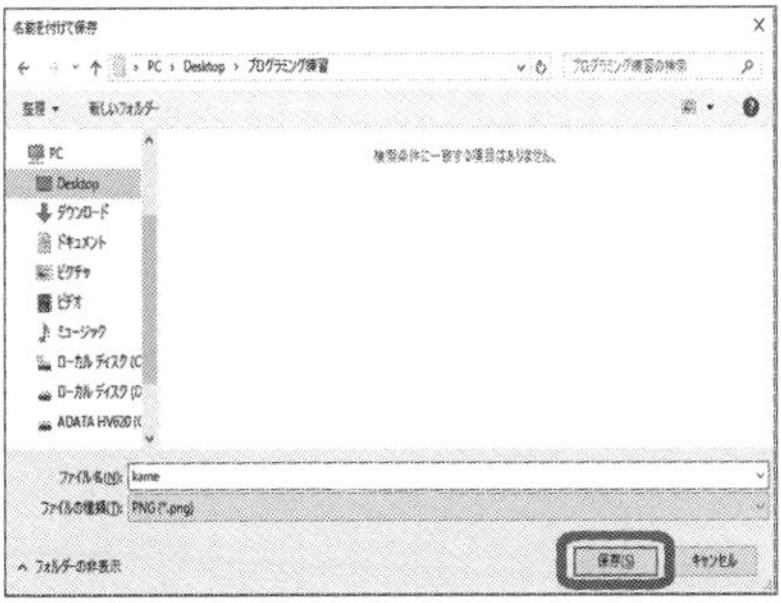

入力したら「保存」ボタンをクリックして、イラストを保存します。

⑨インターネットのサイトを最小化

イラストの保存ができれば、サイトはもう使いません。ひとまず右上の「最小化」ボタンをクリックして閉じましょう。

⑩フォルダーをクリックする

保存確認のため、デスクトップの「プログラミング練習」フォルダーをクリックします。

⑪イラストが保存されたか確認

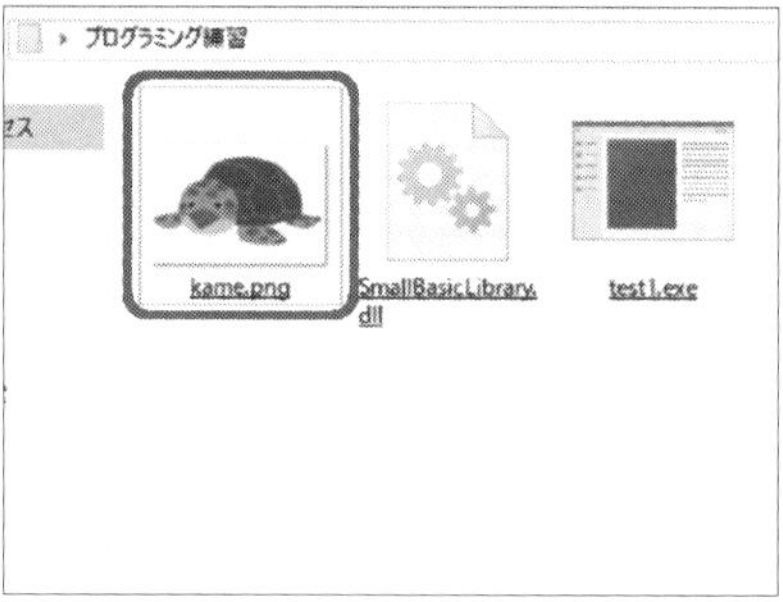

中に「kame」というイラストファイルがあれば保存成功。なければインターネットからの保存手順を、再度確認しましょう。

⑫フォルダーのアドレスをコピーする

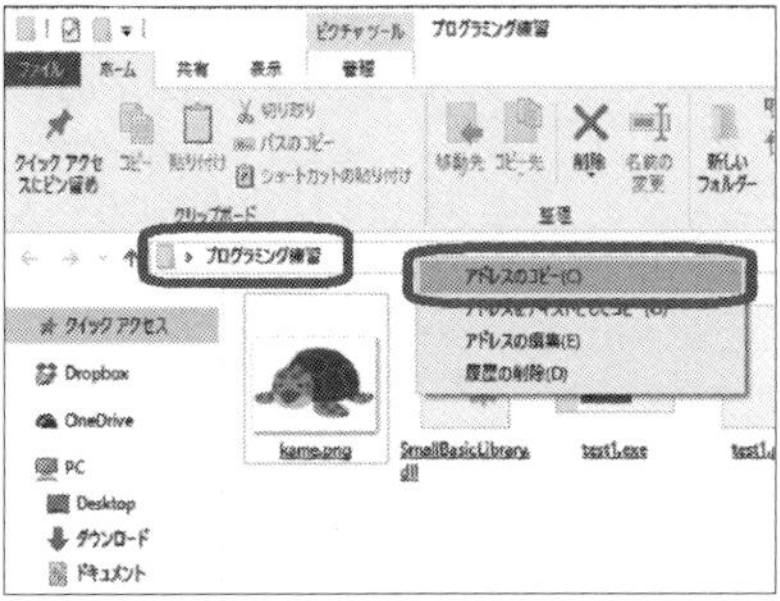

フォルダーの場所を示す欄にマウスを合わせ、右クリックします。現れたウインドウの「アドレスのコピー」を選択し、左クリックします。

⑬プログラム入力画面に貼り付ける

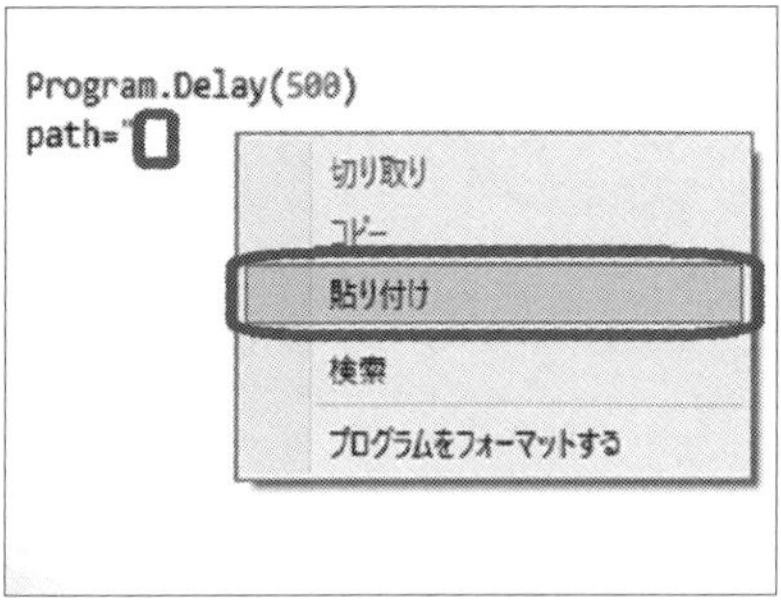

プログラム入力画面に戻り、「path="」の後にカーソルを合わせ右クリックします。現れたウインドウの「貼り付け」を選択し左クリックします。

⑭貼り付け結果を確認する

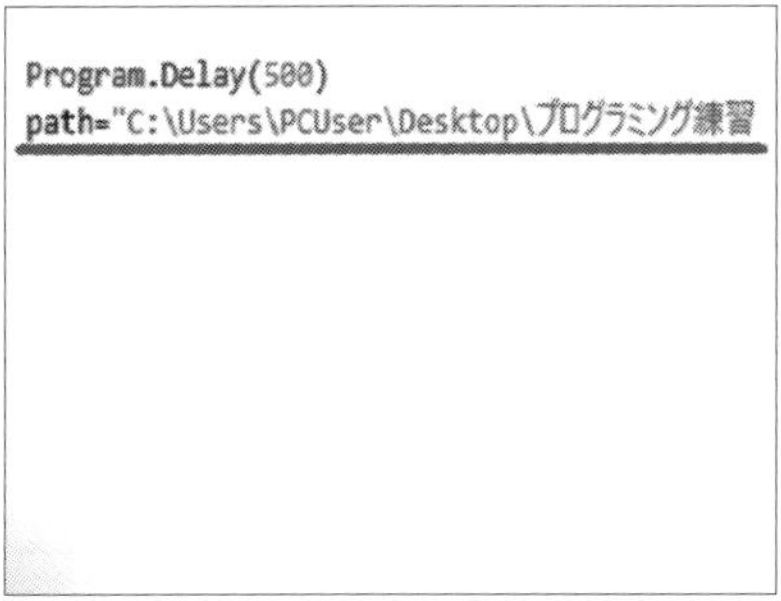

フォルダーのアドレスが貼り付けできたでしょうか？上手くいかなかったら、フォルダーのアドレスコピーから再度やってみましょう。

⑮ファイル名を入力する

Program.Delay(500)
path="C:\Users\PCUser\Desktop\プログラミング練習\kame.png"
e=ImageList.LoadImage(path)
GraphicsWindow.DrawImage(e,400,300)

今回の例では貼り付けたアドレスの後に半角で「\」「kame.png」「"」を続けて入力します。残りの2行も一気に書いて、実行してみましょう。

⑯イラストが表示されない時は

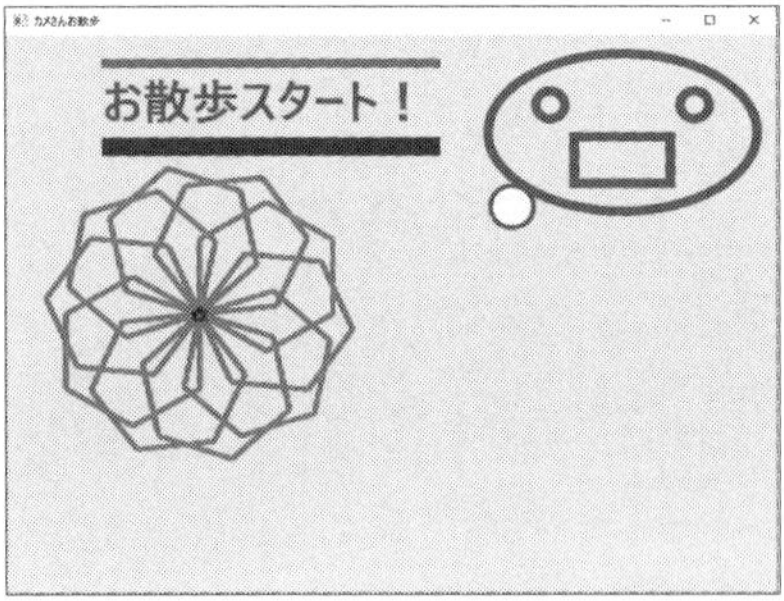
お散歩スタート！

プログラムで指定するアドレスと、実際の保存アドレスが違う時イラストは表示されません。何度やっても駄目ならここは後回しにして、先へ進むのが得策です。

⑰「path」などを別の名前にしてもOK

Program.Delay(500)
basho="C:\Users\PCUser\Desktop\プログラ
kamenoe=ImageList.LoadImage(basho)
GraphicsWindow.DrawImage(kamenoe,400

指定の単語「path」や「e」がわかりにくければ、「path」を「basho」（場所）、「e」を「kamenoe」（カメの絵）など別の名前にしても問題ありません。

⑱イラストの位置を変えてみる

DrawImage（e,400,300）を（e,200,400）に変えた実行結果。イラストの位置が変わり、ウインドウから少しはみ出ています。

⑲違うイラストを表示させてみる

サイトから別のイラストを保存し「kame」と名付ければ、そちらを表示させるのも可能です。余裕があればイラストの大きさに合わせ、位置も調整してみましょう。

8.「マウスで動かせる文字」を出現させよう

```
63
64 GraphicsWindow.BrushColor="black"
65 GraphicsWindow.FontSize=30
66 Mouse.HideCursor()
67 moji=Shapes.AddText("左クリックで終了")   ①
68
69 continue:
70   Shapes.Move(moji,GraphicsWindow.mousex,GraphicsWindow.mousey)
71     If Mouse.IsLeftButtonDown Then
72       Goto finish
73     EndIf
74 Goto continue
75 finish:                                   ②
```

傍線①……文字の内容を指定して表示する動きを、「moji」という単語にまとめます。
矢印②……文字をマウスカーソルの上にのせ、左ボタンをクリックすれば終わりになる流れです。

今度はマウスで動かせる文字を、ウインドウ上に表示させます。「If」を使ったごく簡単な分岐処理で、「左クリックすれば終了」という条件づけをしました。

ちなみにマウスの動きやボタン操作を画面に反映させるのは、ゲーム制作の基本となる技術。そう考えると少し楽しくなります。なおプログラム文中の「:」は、半角英数でキーボード右側の「け」を押して入力します。なお70行目、「moji」の後、または「mousex」の後は、「.」（ドット）ではなく、「.」（コロン）。「んなもんいっしょだろう?」と言いたいあなたの気持ち、よくわかります。私もそうでした。でも、ここを間違えるとそれだけで、エラーになってしまうんです。

①プログラムの実行結果

模様やイラストが表示された後、ウインドウ上のどこかに「左クリックで終了」という文字が現れます。

②マウスを左クリックすれば終了

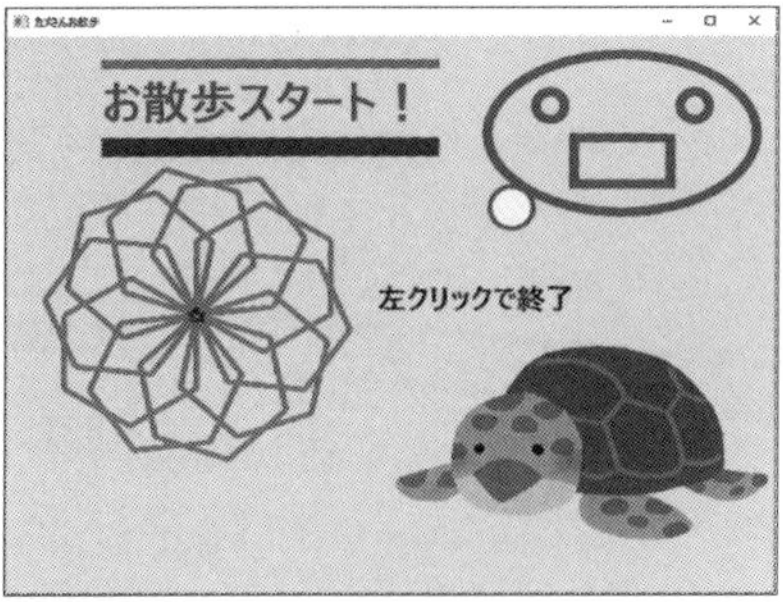

文字をマウスで自由に動かして、好きな場所で左クリックすれば動きは終了します。今の段階でこれ以上の動きはないので、ウインドウを閉じましょう。

③文字が見つからない時は

文字が見つからない時は、ウインドウの端か外にある可能性があります。マウスを動かせば出てくるかもしれません。それでも表示されなければ、プログラムを見直しましょう。

④繰り返しや条件付けはスペースで見やすく

```
continue:
  Shapes.Move(moji,GraphicsWindow.m
    If Mouse.IsLeftButtonDown Then
      Goto finish
    EndIf
Goto continue
finish:
```

「continue」や「If」といった繰り返しや条件付けの入った文は、スペースで右送りすると見やすくなります。スペースは必須ではありませんが、おすすめの方法です。

⑤「continue」などは別の単語でもOK

```
kurikaesi:
  Shapes.Move(moji,GraphicsWindow.m
    If Mouse.IsLeftButtonDown Then
      Goto owari
    EndIf
Goto kurikaesi
owari:
```

「continue」「finish」は「kurikaesi」（繰り返し）「owari」（終わり）など、別の単語でもOKです。エラー回避のため表記は統一しましょう。

⑥メッセージ内容が日本語入力できない時は

```
GraphicsWindow.BrushColor="black"
GraphicsWindow.FontSize=30
Mouse.HideCursor()
moji=Shapes.AddText("left click!")

continue:
  Shapes.Move(moji,GraphicsWindow.mo
    If Mouse.IsLeftButtonDown Then
      Goto finish
```

「AddText("左クリックで終了")」を日本語で入力できない時は、「AddText（"left click!")」などにしても問題ありません。

⑦文字の大きさや色を変えてみる

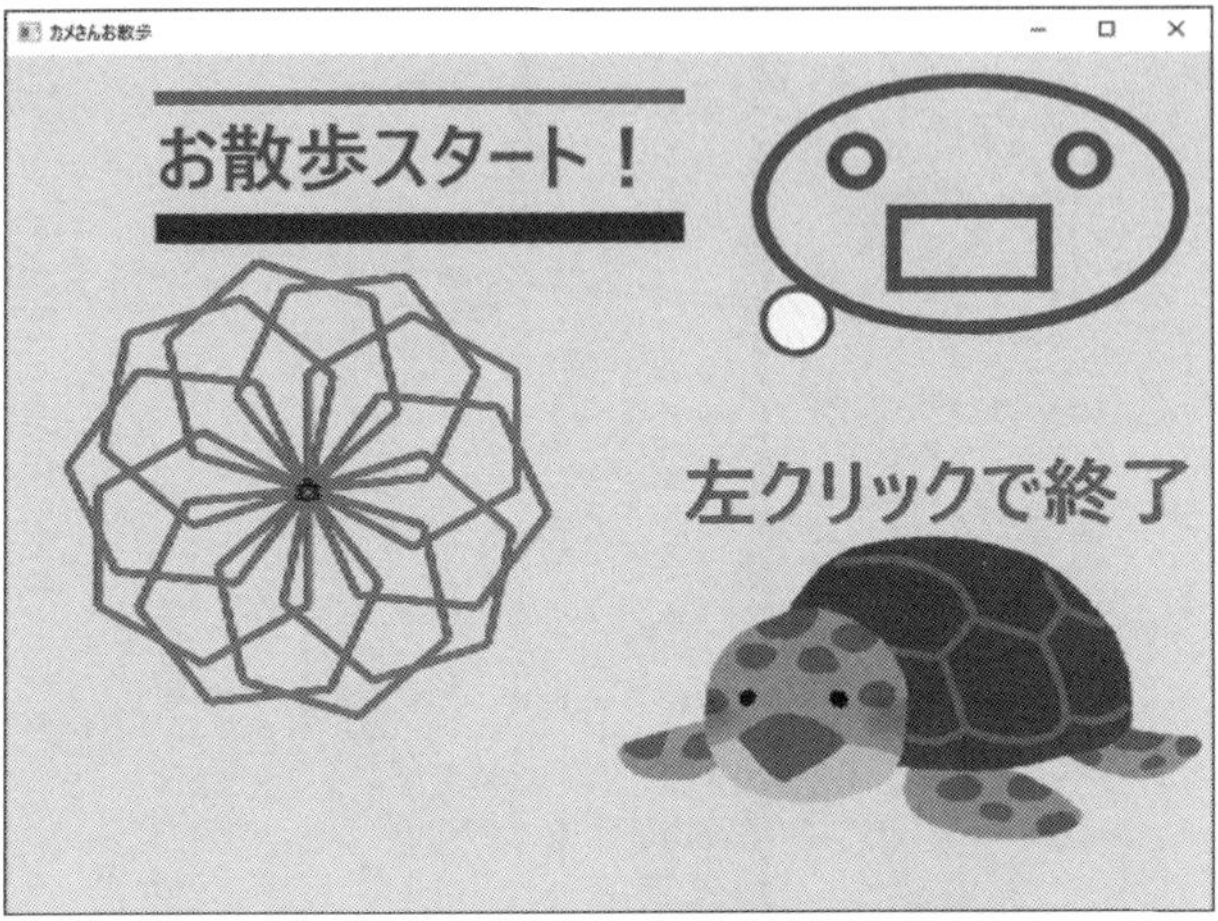

「FontSize」を 30 から 50 に変えた結果。文字サイズが大きくなりました。

⑧操作が先に進まなくなった時は

ウインドウの外でマウスをクリックしてしまい、操作が先に進まなくなる時もあります。わからなくなったらいったんウインドウを閉じ、再度実行しましょう。

9．ピアノの音を鳴らそう

```
For i=0 To 3
  If i=0 Then
    melody="o5c8"
  ElseIf i=1 Then
    melody="o5e8"
  ElseIf i=2 Then
    melody="o5g8"
  Else
    melody="o6c8"
  EndIf

  piano=text.GetSubText(melody,1,4)
  Sound.PlayMusic(piano)
  Program.Delay(300)
EndFor

GraphicsWindow.BrushColor="red"
GraphicsWindow.FontSize=50
GraphicsWindow.DrawText(20,500,"おつかれさまでした！")
```

①
②
③

矢印①……音を４回鳴らすため、「For」による反復を使います。「If」「ElseIf」「Else」の分岐で音の高さを変えていく仕掛けも作りました。
矢印②……「melody」で指定した音を「piano」にまとめ、「PlayMusic」で実際に鳴らします。Delay(300) で、音と音の間隔を作ります。
矢印③……文字色、サイズ、位置を決めて表示させる流れです。

プログラミング練習も、いよいよ最後のステップ。ピアノの音を鳴らした後、メッセージを表示します。

プログラム文は複雑ではありませんが、見慣れない単語が多いので動かしながら確認していきましょう。

①プログラムの実行結果①

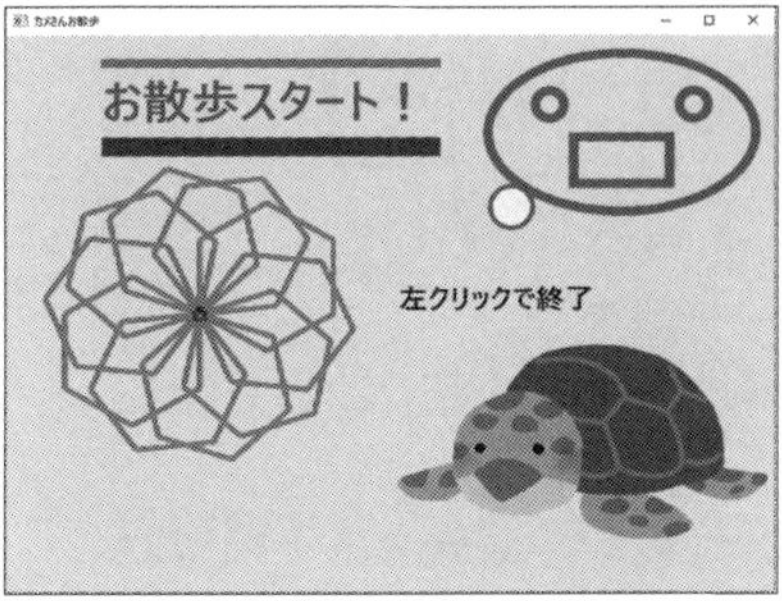

マウスで移動できる「左クリックで終了」の文字をクリックして固定した後、ピアノの音が4回鳴ります。パソコンのスピーカー設定をONにしておきましょう。

②プログラムの実行結果②

音が鳴った後に「おつかれさまでした！」の文字が表示されて終了です。

③音が鳴らない時は

```
For i=0 To 3
  If i=0 Then
    melody="o5c8"
  ElseIf i=1 Then
    melody="o5e8"
  ElseIf i=2 Then
```

音が鳴らない時は「melody」の指定で、英語小文字の「o」と数字の「0」などが違っている可能性があります。よく確認してみましょう。英語小文字の「o」が正解です。

④音を５回鳴らしてみる

```
For i=0 To 4
  If i=0 Then
    melody="o5c8"
  ElseIf i=1 Then
    melody="o5e8"
  ElseIf i=2 Then
```

「i=0 To 3」を「i=0 To 4」に変えると、４回だった音が５回鳴ります。0、1、2、3、4とカウントされて、５回になる仕組みです。

⑤音の順番を入れ替えてみる

```
For i=0 To 3
  If i=3 Then
    melody="o5c8"
  ElseIf i=1 Then
    melody="o5e8"
  ElseIf i=2 Then
```

「If i=0」を「If i=3」と変えると、最初の音と最後の音が入れ替わります。上と同じ理由でi=3の時が、４回目とカウントされています。

⑥オクターブを変えてみる

```
For i=0 To 3
  If i=0 Then
    melody="o7c8"
  ElseIf i=1 Then
    melody="o7e8"
  ElseIf i=2 Then
```

上2つの「melody」をそれぞれ"o7c8" "o7e8"と指定すると、オクターブが2段階上がった音が鳴ります。

⑦音階を変えてみる

```
For i=0 To 3
  If i=0 Then
    melody="o5d8"
  ElseIf i=1 Then
    melody="o5f8"
  ElseIf i=2 Then
```

「melody」で指定するアルファベットと音階の関係は「a」が「ラ」、「c」が「ド」、「g」が「ソ」となります。左のように入力し実行すると、少し旋律が変わります。

⑧音の長さを変えてみる

```
For i=0 To 3
  If i=0 Then
    melody="o5c2"
  ElseIf i=1 Then
    melody="o5e2"
  ElseIf i=2 Then
```

「melody」で指定する最後の数字を8から2に変えると、音が長めに鳴ります。音楽の授業で習った、「8分音符」と「2分音符」の違いです。

※c（ド）、d（レ）、e（ミ）、f（ファ）、g（ソ）、a（ラ）、b（シ）

⑨音と音の間隔を短くしてみる

```
  Else
    melody="o6c8"
  EndIf

  piano=text.GetSubText(melody,1,4)
  Sound.PlayMusic(piano)
  Program.Delay(30)
EndFor

```

「Delay(300)」を「Delay(30)」に変えると、音と音の間隔が短くなります。

⑩メッセージの位置と内容を変えてみる

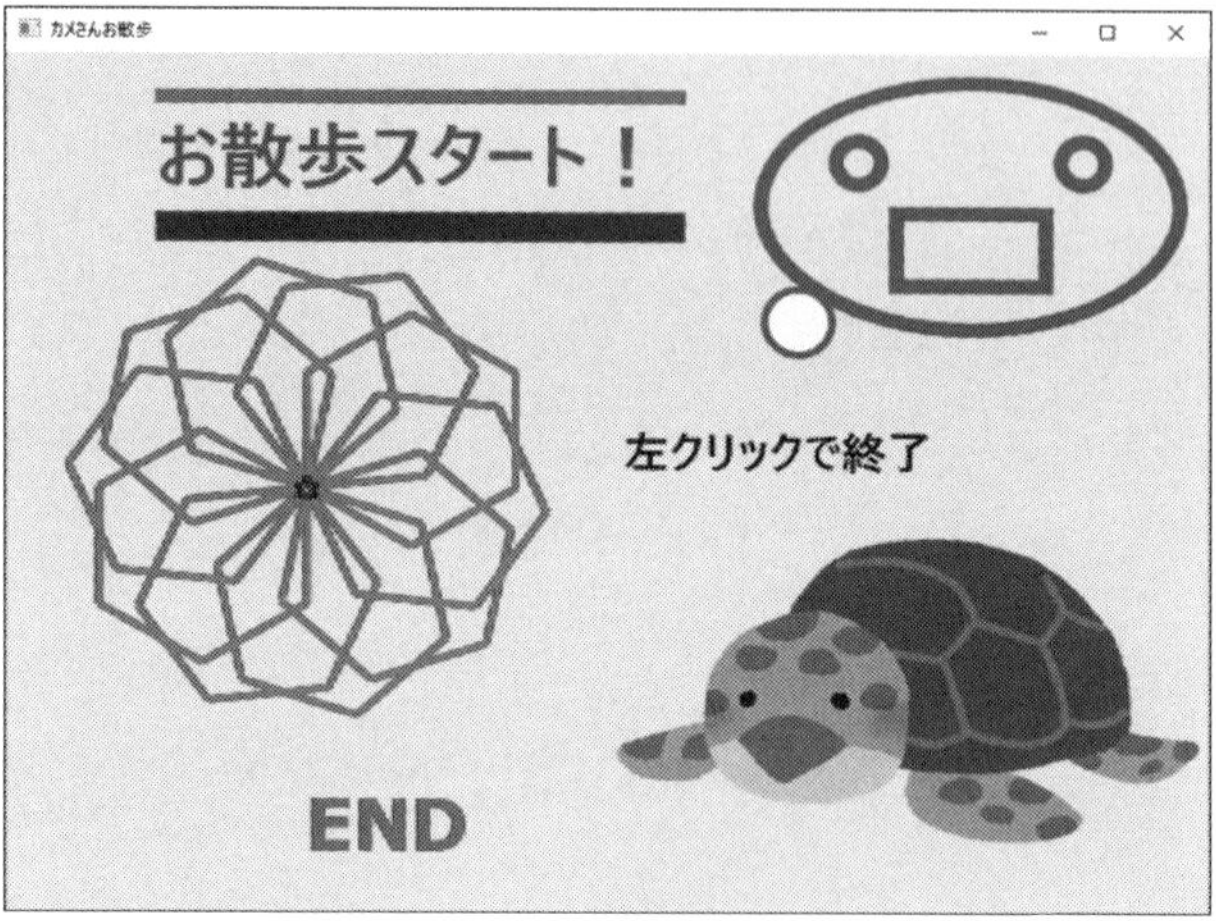

DrawText (20,500,"おつかれさまでした！")を、(200,500,"END")に変えた実行結果。位置が右にずれ「END」と表示されます。

⑪プログラムの完成版を保存する

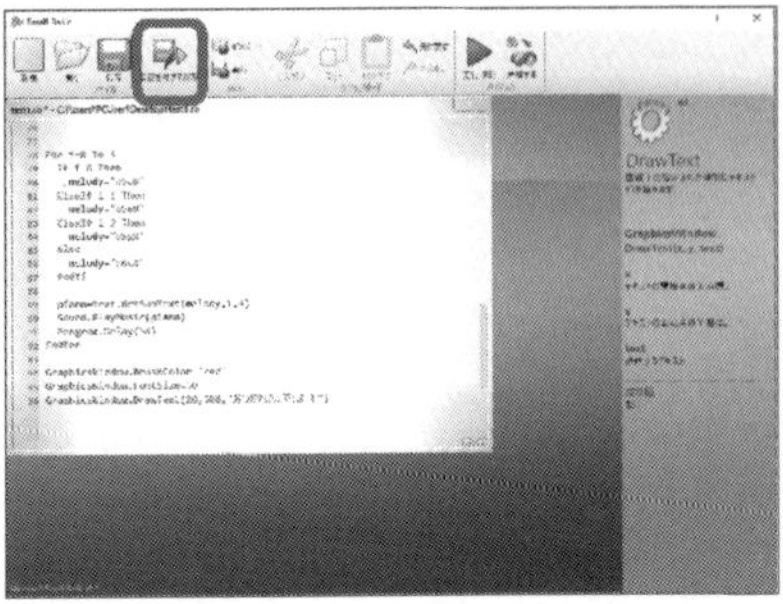

これで今回のプログラムは完成しましたので、保存しましょう。画面上部の「名前をつけて保存」ボタンをクリックします。

⑫ファイル名を入力する

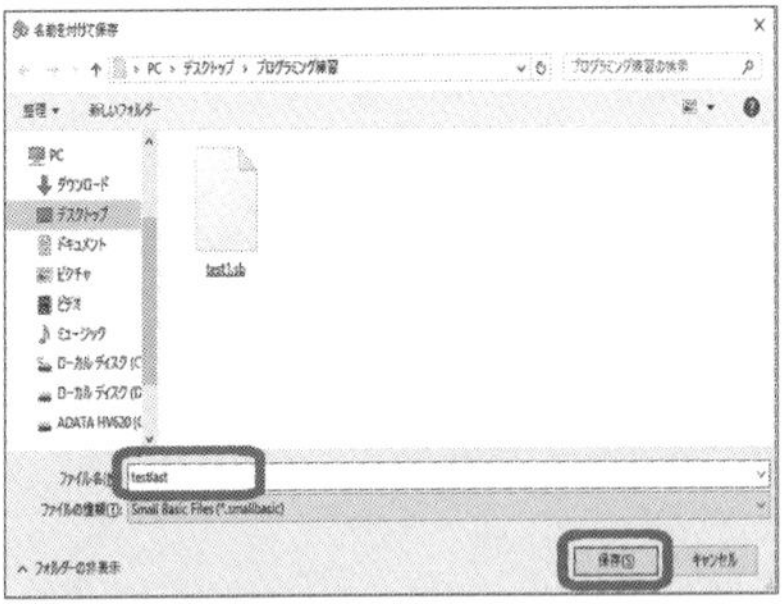

保存先を選択したら、ファイル名を入力し保存します。名前は何でもOKですが、例として「testlast」としました。

⑬入力画面を閉じて終了する

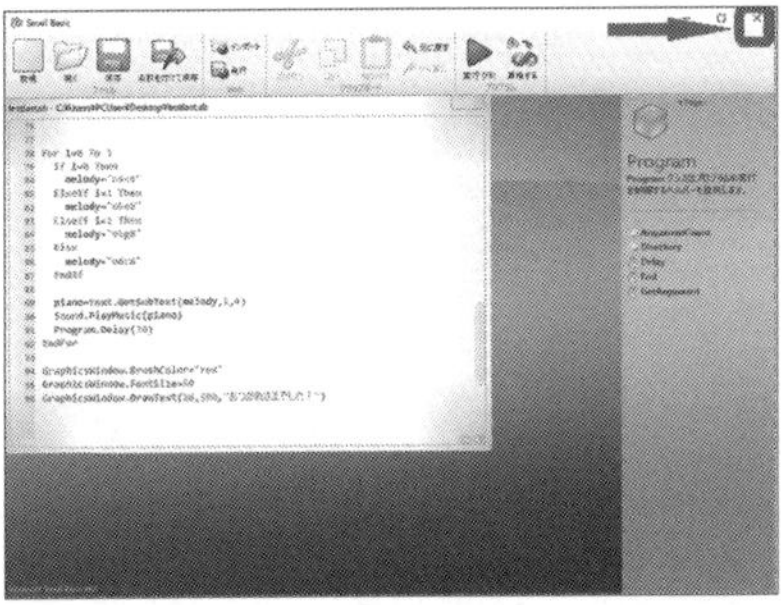

特に問題なければ、入力画面を閉じて終了します。最後までお疲れ様でした！

（参考）プログラム全文掲載

最後に参考として、練習で入力したプログラム全文を掲載します。下の例では区切りごとに「'文字を書く」といった、コメントを追加しました。「'」は半角英数でキーボード上部の「7」を押せば入力可能です。意味をわかりやすくする目的でコメントを追加するのは、実際の開発現場でもよく行われているそうです。

ゆとりがあれば自分でいろいろ変えながら、もう一度プログラムを動かしてみましょう。

<以下、プログラム全文>

```
'ウインドウを表示させる
GraphicsWindow.Title="カメさんお散歩"
GraphicsWindow.Width=800
GraphicsWindow.Height=600
GraphicsWindow.BackgroundColor="cyan"
GraphicsWindow.Show()


'文字を書く
GraphicsWindow.FontSize=50
GraphicsWindow.DrawText(100,40,"お散歩スタート！")


'線を引く
GraphicsWindow.PenWidth=10
GraphicsWindow.PenColor="red"
```

```
GraphicsWindow.DrawLine(100,30,450,30)
GraphicsWindow.PenWidth=20
GraphicsWindow.PenColor="blue"
GraphicsWindow.DrawLine(100,120,450,120)


'図形で顔を描く
GraphicsWindow.PenWidth=10
GraphicsWindow.PenColor="green"
GraphicsWindow.DrawEllipse(500,20,280,170)
GraphicsWindow.DrawEllipse(550,60,30,30)
GraphicsWindow.DrawEllipse(700,60,30,30)
GraphicsWindow.DrawRectangle(590,110,100,50)


'ボールを転がす
GraphicsWindow.BrushColor="yellow"
GraphicsWindow.PenWidth=5

y=160
ball=Shapes.AddEllipse(50,50)
For x=0 To 500
  Shapes.Move(ball,x,y)
  Program.Delay(2)
EndFor


'小さなカメに模様を描かせる
GraphicsWindow.PenColor="magenta"
Turtle.X=200
Turtle.Y=300
Turtle.Speed=10
Turtle.Show()

sides=6
length=80
```

```
angle=360/sides

For j=1 To 10
  For i=1 To sides
    Turtle.Move(length)
    Turtle.Turn(angle)
  EndFor
  Turtle.Turn(36)
EndFor


'カメのイラストを表示する
Program.Delay(500)
path="C:\Users\PCUser\Desktop\プログラミング練習\
kame.png"
e=ImageList.LoadImage(path)
GraphicsWindow.DrawImage(e,400,300)


'マウスで動かせる文字を表示する
GraphicsWindow.BrushColor="black"
GraphicsWindow.FontSize=30
Mouse.HideCursor()
moji=Shapes.AddText("左クリックで終了")

continue:
  Shapes.Move(moji,GraphicsWindow.
mousex,GraphicsWindow.mousey)
    If Mouse.IsLeftButtonDown Then
      Goto finish
    EndIf
Goto continue
finish:
```

```
'ピアノの音を鳴らし、最後の文字を表示する
For i=0 To 3
  If i=0 Then
    melody="o5c8"
  ElseIf i=1 Then
    melody="o5e8"
  ElseIf i=2 Then
    melody="o5g8"
  Else
    melody="o6c8"
  EndIf

  piano=text.GetSubText(melody,1,4)
  Sound.PlayMusic(piano)
  Program.Delay(300)
EndFor

GraphicsWindow.BrushColor="red"
GraphicsWindow.FontSize=50
GraphicsWindow.DrawText(20,500,"おつかれさまでした!")
```

エピローグ

私も最初、「自分は元々文系だしプログラミングなんか関係ないし、たぶん無理」くらいのことしか思っておりませんでしたが、今ではなんと「もう少しいろいろなプログラム言語を知りたいなあ」と思うまでになりました。

監修のジョシさん、シャルマ先生、スーパーバイザーのナビーンさんの「インド式プログラミング入門」はそれくらい本当にわかりやすく、プログラムの本質を鷲掴みにしたものだったと思います。

このプログラミング講義は、インドの小学校と中学校の算数教科書を集めるところからスタートしました。どれも英語だったそれらの膨大な教科書をテキパキと日本語に翻訳してくれた早稲田大学国際教養学部の鈴木菜月さん、原口茉里さん、メタ安寿さん。本当にお疲れさまでした。

そして、最後まで本企画にお付き合いいただきました青春出版社の中野さん、本当にありがとうございました。

読者の方々にプログラミングの楽しさが少しでも伝われば、幸甚です。

織田直幸

青春新書
INTELLIGENCE

こころ涌き立つ「知」の冒険

いまを生きる

〝青春新書〟は昭和三一年に――若い日に常にあなたの心の友として、その糧となり実になる多様な知恵が、生きる指標として勇気と力になり、すぐに役立つ――をモットーに創刊された。

そして昭和三八年、新しい時代の気運の中で、新書〝プレイブックス〟にその役目のバトンを渡した。「人生を自由自在に活動《プレイ》する」のキャッチコピーのもと――すべてのうっ積を吹きとばし、自由闊達な活動力を培養し、勇気と自信を生み出す最も楽しいシリーズ――となった。

いまや、私たちはバブル経済崩壊後の混沌とした価値観のただ中にいる。その価値観は常に未曾有の変貌を見せ、社会は少子高齢化し、地球規模の環境問題等は解決の兆しを見せない。私たちはあらゆる不安と懐疑に対峙している。

本シリーズ〝青春新書インテリジェンス〟はまさに、この時代の欲求によってプレイブックスから分化・刊行された。それは即ち、「心の中に自らの青春の輝きを失わない旺盛な知力、活力への欲求」に他ならない。応えるべきキャッチコピーは「こころ涌き立つ〝知〟の冒険」である。

予測のつかない時代にあって、一人ひとりの足元を照らし出すシリーズでありたいと願う。青春出版社は本年創業五〇周年を迎えた。これはひとえに長年に亘る多くの読者の熱いご支持の賜物である。社員一同深く感謝し、より一層世の中に希望と勇気の明るい光を放つ書籍を出版すべく、鋭意志すものである。

平成一七年　　　刊行者　小澤源太郎

著者・監修者紹介

ジョシ・アシシュ

1989年生まれ。インド・デリー大学SOL卒業。文学士。日本語能力試験1級。一橋大学大学院に留学し、MBAを取得。インドと日本の文化の懸け橋になるような活動をいつも考えている。現在、日本の某一流メーカーの国際部門にて勤務。

織田直幸〈おだ・なおゆき〉

1964年生まれ。中央大学文学部哲学科中退の"ど文系"人間。近年、突発的にプログラミングに興味を持ち、本企画の執筆を担当することに。編集プロダクション、出版社などを経て、現在、まるブックス株式会社所属。著書にサスペンスアクション小説『メディア・ディアスポラ』(カンゼン刊)がある。

インドの小学校《しょうがっこう》で教《おし》える
プログラミングの授業《じゅぎょう》

青春新書
INTELLIGENCE

2017年1月15日　第1刷

監修者　ジョシ・アシシュ

著者　織《お》田《だ》直《なお》幸《ゆき》

発行者　小澤源太郎

責任編集　株式会社プライム涌光
電話　編集部　03(3203)2850

発行所　東京都新宿区若松町12番1号 〒162-0056　株式会社青春出版社
電話　営業部　03(3207)1916　振替番号　00190-7-98602

印刷・中央精版印刷　製本・ナショナル製本

ISBN978-4-413-04504-9
©Naoyuki Oda 2017 Printed in Japan

本書の内容の一部あるいは全部を無断で複写(コピー)することは著作権法上認められている場合を除き、禁じられています。

万一、落丁、乱丁がありました節は、お取りかえします。

こころ涌き立つ「知」の冒険！

青春新書
INTELLIGENCE

喋らなければ負けだよ	古舘伊知郎	PI·482
イチロー流 準備の極意	児玉光雄	PI·483
世界を動かす「宗教」と「思想」が2時間でわかる	蔭山克秀	PI·484
腸から体がよみがえる「胚酵食《はいこうしょく》」	森下敬一 石原結實	PI·485
江戸っ子はなぜこんなに遊び上手なのか	中江克己	PI·486
能力以上の成果を引き出す本物の仕分け術	鈴木進介	PI·487
名僧たちは自らの死をどう受け入れたのか	向谷匡史	PI·488
健康診断その「B判定」は見逃すと怖い	奥田昌子	PI·489
一流はなぜ「シューズ」にこだわるのか	三村仁司	PI·490
2時間の学習効果が消える！ やってはいけない脳の習慣	川島隆太［監修］ 横田晋務［著］	PI·491
図説 呉から明かされたもう一つの三国志	渡邉義浩［監修］	PI·492
偏差値29でも東大に合格できた！ 「捨てる」記憶術	杉山奈津子	PI·493
歴史が遺してくれた日本人の誇り	谷沢永一	PI·494
「プチ虐待」の心理 まじめな親ほどハマる日常の落とし穴	諸富祥彦	PI·495
図説 教養として知っておきたい日本の名作50選	本と読書の会［編］	PI·496
人工知能は私たちの生活をどう変えるのか	水野 操	PI·497
若者はなぜモノを買わないのか 「シミュレーション消費」という落とし穴	堀 好伸	PI·498
自律神経を整えるストレッチ 自分でできる、心と体をゆるめる習慣	原田 賢	PI·499
40歳から眼がよくなる習慣 老眼、スマホ老眼、視力低下…に1日3分の特効！	日比野佐和子 林田康隆	PI·500
林修の仕事原論 壁を破る37の方法	林 修	PI·501
最短で老後資金をつくる確定拠出年金こうすればいい	中桐啓貴	PI·502
歴史に学ぶ「人たらし」の極意	童門冬二	PI·503
インドの小学校で教えるプログラミングの授業	ジョシ・アシシュ［監修］ 織田直幸［著］	PI·504
急に不機嫌になる女無関心になる男	姫野友美	PI·505

お願い ページわりの関係からここでは一部の既刊本しか掲載してありません。折り込みの出版案内もご参考にご覧ください。